autoricerca.com

# AutoRicerca

*No. 7, Anno 2014*

*AutoRicerca:* No. 7, Anno 2014
*Editore:* Massimiliano Sassoli de Bianchi
*Progetto grafico copertina*: Paola Patocchi

*AutoRicerca* (ISSN 2673-5105) è una pubblicazione del *LAB – Laboratorio di AutoRicerca di Base* (www.autoricerca.ch), c/o *Area 302 SA* (www.area302.ch), via Cadepiano 18, 6917 Barbengo, Svizzera.

ISBN: 978-1-326-00686-0

# INDICE

AVVERTIMENTO        7

EDITORIALE        9

A PROPOSITO DELL'AUTORE        11

ARTICOLO

Scienza, realtà e coscienza
Un dialogo socratico        13
*Massimiliano Sassoli de Bianchi*

A PROPOSITO DI AUTORICERCA        151

NUMERI PRECEDENTI        153

autoricerca.com

# AVVERTIMENTO

Le pagine di un libro, siano esse cartacee o elettroniche, possiedono una particolarissima proprietà: sono in grado di accettare ogni varietà di lettere, parole, frasi e illustrazioni, senza mai esprimere una critica, o una disapprovazione. È importante essere pienamente consapevoli di questo fatto, quando percorriamo uno scritto, affinché la lanterna del nostro discernimento possa accompagnare sempre la nostra lettura. Per esplorare nuove possibilità è indubbiamente necessario rimanere aperti mentalmente, ma è ugualmente importante non cedere alla tentazione di assorbire acriticamente tutto quanto ci viene presentato. In altre parole, l'avvertimento è di sottoporre sempre il contenuto delle nostre letture al vaglio del nostro senso critico ed esperienza personale.

L'editore e gli autori degli articoli pubblicati non possono in alcun modo essere ritenuti responsabili circa le conseguenze di un eventuale cambiamento di paradigma indotto dalla lettura dei testi contenuti in questo volume.

autoricerca.com

# EDITORIALE

Questo settimo volume di AutoRicerca contiene un unico articolo monografico, scritto da *Massimiliano Sassoli de Bianchi*.

L'articolo è stato originariamente pubblicato in due parti, in inglese e portoghese, nel *Journal of Conscientiology*,[1] e più precisamente nel volume 9, numero 36 (aprile 2007) e nel volume 10, numero 37 (luglio 2007).

La versione integrale dell'articolo in inglese è stata ripubblicata anche come volume singolo, con il titolo: *Science, Reality & Consciousness - A Socratic dialogue* (Lulu.com, 2010, ISBN 978-1-4092-3283-4).

La presente versione italiana, tradotta personalmente dall'autore, è da considerarsi una versione rivista e aggiornata.

Vi auguro un piacevole dialogo.

*L'Editore*

---

[1] Il *JofC* è una pubblicazione della *IAC – International Academy of Consciousness* (accademia internazionale della coscienza), un'organizzazione di ricerca senza scopi di lucro, il cui obiettivo è lo studio teorico-pratico della coscienza (per maggiori informazioni, visitare il loro sito web, all'indirizzo: *www.iacworld.org*).

autoricerca.com

# A PROPOSITO DELL'AUTORE

*Massimiliano Sassoli de Bianchi* ha compiuto studi nel campo della fisica teorica, conseguendo il titolo di docteur ès sciences (*PhD*) presso l'École Polytechnique Fédérale di Losanna, con una tesi sulle osservabili temporali in meccanica quantistica. Attualmente la sua ricerca verte principalmente sui fondamenti delle teorie fisiche. Oltre alla ricerca scientifica convenzionale, s'interessa di ricerca interiore (autoricerca), promuovendo una visione multiesistenziale e multidimensionale dell'evoluzione umana. Ha scritto saggi, testi di divulgazione scientifica, racconti per ragazzi, e ha pubblicato numerosi articoli specialistici in riviste di livello internazionale, sia nel campo della fisica che in quello dello studio della coscienza. È membro a vita dell'American Physical Society e dell'American Association of Physics Teachers, oltre che membro della Society for Scientific Exploration e dell'International Academy of Consciousness. Attualmente dirige il *Laboratorio di Autoricerca di Base* (LAB), in Svizzera, ed è l'editore della rivista *AutoRicerca*. Per maggiori informazioni: *www.massimilianosassolidebianchi.ch*.

autoricerca.com

# SCIENZA, REALTÀ & COSCIENZA
## UN DIALOGO SOCRATICO

*Massimiliano Sassoli de Bianchi*

| | |
|---|---|
| Premessa | 14 |
| PRIMA PARTE | 17 |
| SECONDA PARTE | 81 |
| Bibliografia | 142 |
| Termini speciali | 145 |

autoricerca.com

## PREMESSA

Molte delle idee che presenterò in questo volume traggono ispirazione dalle scoperte della celebre scuola di *Ginevra-Brussel* sui fondamenti delle teorie fisiche, e più particolarmente dal lavoro di alcuni dei suoi membri più illustri, come *Joseph Maria Jauch*, *Constantin Piron* e *Diederik Aerts* (vedi i riferimenti bibliografici).

L'idea centrale e più feconda di questa scuola consiste nell'osservazione che il metodo adottato abitualmente dalla maggioranza dei fisici, che consiste nel derivare prima una struttura matematica formale, e solo in seguito cercare quale possa essere la sua interpretazione fisica, non è adeguato se si vuole davvero elucidare le difficoltà concettuali inerenti alla nostra descrizione del reale.

Un metodo più vantaggioso consisterebbe nell'identificare sin dal principio quelli che sono i concetti fisici rilevanti, definendoli e chiarendoli su una solida base operazionale, e solo in seguito impiegarli per costruire una solida scientifica della realtà, che sarà allora più sensata ed intelligibile.

Seguendo questo approccio, per certi versi più naturale, i ricercatori della scuola di Ginevra-Brussel (e più particolarmente Diederik Aerts) sono riusciti a derivare un linguaggio concettuale e matematico molto efficace, in grado di descrivere le diverse entità che popolano la nostra realtà, con notevole livello di universalità, scoprendo così anche l'esistenza di strutture nuove e più generali, che si estendono oltre le strutture classiche e quantistiche precedentemente note.

Questo ha permesso di chiarire molti dei paradossi e delle ambiguità concettuali presenti nelle interpretazioni abituali della fisica quantistica, dando vita a un approccio molto generale (ancora in fase di sviluppo) con il quale è possibile descrivere entità sia fisiche che non-fisiche (come ad esempio gli enti culturali, i segni e i simboli, i concetti, le menti, eccetera).

Una presentazione del formalismo matematico della scuola di Ginevra-Brussel va ben oltre lo scopo del presente scritto, e del target di lettori che si propone di raggiungere. Nondimeno, nel dialogo socratico che seguirà tenterò di presentare al lettore, in modo semplice e senza l'utilizzo di formule matematiche, alcuni delle idee centrali di questo linguaggio.

Nel fare questo, intreccerò liberamente e creativamente queste idee e concetti con tutta una serie di considerazioni e riflessioni che vanno dalla fisica all'evoluzione multidimensionale della coscienza. Per questo motivo, è opportuno sottolineare che in nessun modo il presente scritto può essere considerato un'introduzione "ufficiale" ad alcune delle idee della scuola di Ginevra-Brussel, sebbene il lettore potrà certamente fare buon uso di questo testo come prima introduzione elementare a questi argomenti.

# PRIMA PARTE

RIASSUNTO. Dopo una breve discussione introduttiva circa gli ingredienti essenziali che caratterizzano un approccio scientifico alla realtà, il lettore verrà guidato nell'esplorazione di numerosi concetti alla base del nostro linguaggio scientifico; questi, sorprendentemente, si riveleranno essere molto più ricchi del previsto. Più specificatamente, facendo uso di numerosi esempi elementari, in questa prima parte del dialogo esploreremo il significato di concetti quali: *test sperimentale*, *proprietà*, *attributo*, *attualità* e *potenzialità*, *entità*, *stato*, *certezza*, *identità*, *evoluzione*, *probabilità classiche* e *quantistiche*, *energia*, *spazio* e *non-località*, e molti altri ancora. Le vecchie questioni del dualismo e del determinismo verranno altresì brevemente esaminate, considerando anche il ruolo svolto dalla coscienza partecipatrice nel suo approccio alla realtà.

autoricerca.com

## PREAMBOLO

Al termine del primo modulo del *Corso di Sviluppo della Coscienza*,[1] uno STUDENTE rimane nella classe a sbirciare tra i libri sugli scaffali. L'INSEGNANTE lo avvicina e gli chiede:

INSEGNANTE. Come ti è sembrato questo primo modulo?

STUDENTE. Interessante… e stimolante. Ora però ho parecchie domande che mi "tormentano".

INSEGNANTE. Questo è molto positivo. Nella ricerca scientifica un aspetto cruciale è proprio quello di poter identificare le buone domande.

STUDENTE. E le risposte?

INSEGNANTE. Sono anch'esse importanti, beninteso. Ma vedi, quel che più importa è riuscire a formulare delle domande che siano abbastanza facili da poter essere risposte, e allo stesso tempo sufficientemente difficili da far sì che la risposta sia interessante.

STUDENTE. Beh, ritengo che tutte le mie domande siano del tipo "troppo difficili da poter essere risposte!" Ad ogni modo, posso condividerne alcune con te?

INSEGNANTE. Stavo pensando di fare una pausa e andare a bermi una tazza di the. Se vuoi puoi venire con me, così avremo modo di discutere un po'.

STUDENTE. Certamente, sarebbe magnifico!

---

[1] Il Corso di Sviluppo della Coscienza (CSC) è il corso di base della *IAC – International Academy of Consciousness* (vedi il sito: *www.iacworld.org*), il cui scopo è fornire ai partecipanti alcuni elementi teorico-pratici di *proieziologia* e *coscienziologia*. È possibile immaginare questo stesso dialogo tra uno studente e un insegnante appartenenti ad altre scuole, o discipline, che riconoscono e valorizzano la cosiddetta realtà spirituale, come ad esempio, solo per citarne una, la psicologia transpersonale.

## Paradigma

Insegnante. (*Seduti in una tea-room, di fronte a una deliziosa tazza di the*) Dimmi, cosa ti "tormenta"?

Studente. Innanzitutto, il *paradigma coscienziale*.[2] Mi domandavo: si tratta davvero di qualcosa di scientifico?

Insegnante. Sapresti dirmi che cos'è un *paradigma*?

Studente. Credo si tratti di un quadro di riferimento, che si ritiene essere vero.

Insegnante. Sì, un paradigma è un sistema di riferimento, o visione generale del mondo (*worldview*), all'interno della quale puoi organizzare tutto ciò che comprendi, o pensi di comprendere, sulla realtà. In altre parole, si tratta di un modello, o teoria generale, a proposito della realtà tutta. Un modello che puoi utilizzare per *spiegare*, *valutare* e *predire* i diversi fenomeni che osservi e sperimenti, oltre che per *orientarti* nella realtà ed *agire* di conseguenza [AVV, 1999].

Studente. In tal caso, la mia domanda è: possiamo considerare il paradigma coscienziale una teoria scientifica della realtà?

Insegnante. Permettimi di chiederti a mia volta: ritieni sia possibile descrivere la realtà tutta, in modo scientifico?

Studente. Non saprei. Probabilmente il modo migliore per

---

[2] Il paradigma coscienziale è il quadro teorico alla base della coscienziologia (e di altri approcci simili al reale), che considera l'essere-coscienza un principio intelligente, manifestantesi attraverso un multiveicolo energetico, in un ambiente multidimensionale, nell'ambito di un ciclo multiesistenziale. Alla base del paradigma coscienziale c'è anche l'idea di autoricerca, di autosperimentazione e di autosviluppo, dove il ricercatore diviene al contempo soggetto e oggetto della propria ricerca, affinando e sviluppando sempre più i propri strumenti percettivi e parapercettivi, combinando in modo naturale e intelligente le proprie esperienze personali, propriamente soggettive, con quelle di natura intersoggettiva, ottenute anche mediante i metodi scientifici più tradizionali.

rispondere a questa domanda sarebbe di provare a costruire un modello scientifico globale della realtà. Se uno ci riesce, allora la risposta è affermativa.

INSEGNANTE. Intendi dire provare a costruire una teoria scientifica della realtà tutta, in ogni suo dettaglio?

STUDENTE. Beh, in un primo tempo mi accontenterei di riuscire ad abbozzare gli elementi di base di una tale teoria.

INSEGNANTE. Sì, sono d'accordo con te. Ma non pensi allora che il paradigma coscienziale altro non sia che una bozza di questo tipo?


## TEORIA SCIENTIFICA


STUDENTE. Ok, allora la mia domanda è: possiamo considerare il paradigma coscienziale una bozza scientifica di una teoria della realtà?

INSEGNANTE. Ebbene, penso che ciò dipenda dalla tua definizione di cosa sia o non sia scientifico.

STUDENTE. Mi piacerebbe sentire la tua di definizione.

INSEGNANTE. Molto bene. Prima di tutto mi sembra importante sottolineare che numerosi filosofi della scienza sono ormai concordi che una distinzione chiara tra scienza e non-scienza, in termini di criteri scientifici, sia di fatto impensabile. Questo poiché in generale le qualità e criteri cui deve sottostare una particolare disciplina, per poter essere considerata scientifica, variano a seconda delle culture, del tempo e del livello evolutivo delle coscienze interessate, e sono pertanto, in un certo senso, arbitrari. Pertanto, gli scienziati non dovrebbero obbedire ad alcuna tradizione, o autorità, nella loro pratica, quanto invece selezionare i loro metodi e le loro argomentazioni sulla base unicamente di un principio di *utilità* generale. Anche perché è la scienza a dover aderire al reale, e non l'inverso. Quindi, possiamo dire che il dovere primario della scienza sia quello di riconoscere e accettare la realtà tutta, cioè tutto ciò che esiste, nel suo campo di studio. In altre parole: nella sua massima espressione, l'impresa scientifica dovrebbe essere completamente aperta e non escludere nulla; non dovrebbe avere nessun particolare "requisito di accesso" [M, 1969].

STUDENTE. In altre parole, mi stai dicendo che la scienza sarebbe una sorta di disciplina *all-inclusive*, e che in principio ogni metodologia dovrebbe poter essere applicata per conseguire una migliore comprensione del suo oggetto di studio, che sarebbe la realtà tutta, giusto?

INSEGNANTE. Sì, questo è il punto: una disciplina "tutto incluso", integrale, le cui metodologie hanno interesse a fondarsi unicamente su un principio di utilità generale.

STUDENTE. Sei però d'accordo che nella nostra era, e nella nostra cultura occidentale, sono stati identificati numerosi criteri che una teoria deve soddisfare, per meritare l'epiteto di scientifica?

INSEGNANTE. Questo è vero. Ma il punto riguardo a questi criteri non è l'attribuzione del marchio scientifico a una data teoria, essendo ogni teoria, in un certo senso, *potenzialmente scientifica*. Il punto è che questi criteri si sono dimostrati utili, fino ad oggi, come principi guida nella costruzione di modelli più avanzati.

STUDENTE. Potresti ricordarmi quali sono questi criteri?

INSEGNANTE. Uno di essi è quello della *coerenza*; significa che una teoria non deve generare contraddizioni logiche al suo interno. Un altro è quello della *compatibilità*; significa che la teoria deve essere in accordo con tutti i fatti sperimentali noti. Infatti, se così non fosse, la teoria verrebbe *falsificata* da tali fatti. Questo significa anche che una teoria deve essere aperta alle confutazioni, sia sperimentali che razionali (*falsificabilità*). Un altro criterio importante è quello del *potere esplicativo*; significa che le teorie devono accrescere la nostra comprensione del reale, attraverso le spiegazioni che contengono. E non dimentichiamoci dell'*oggettività*: una teoria deve essere tale da poter essere ragionevolmente adottata, se non altro in linea di principio, da ogni coscienza partecipatrice della realtà, purché sufficientemente evoluta e lucida.

STUDENTE. Intendi dire che una teoria scientifica deve fondarsi sulla ricerca di *consenso*?

INSEGNANTE. Sì, il consenso è un ingrediente fondamentale. In qualità di coscienze individuali, noi possediamo unicamente un'esperienza personale, soggettiva, della realtà; pertanto, ogni descrizione scientifica del reale, per essere il più possibile oggettiva, deve riuscire ad accomodare i diversi punti di vista delle coscienze individuali entro un unico quadro coerente, intersoggettivo, che possa essere condiviso da ognuna di esse.

STUDENTE. Dunque, riassumendo, essendo il paradigma coscienziale coerente, compatibile con i fatti sperimentali attualmente noti – sia fisici che extrafisici, – ed essendo in linea di principio falsificabile, oltre che fondato su un certo consenso, possiamo affermare che si tratta di un modello scientifico, secondo i criteri attualmente noti.

INSEGNANTE. Nessun dubbio su questo; puoi aggiungere che, similmente a quanto avviene nelle scienze convenzionali, i ricercatori nel campo della *coscienziologia* impiegano e promuovono ampiamente, nelle loro metodologie di indagine, sia il *dibattito* che la *critica* e *autocritica razionale*.


## OPERAZIONALISMO


STUDENTE. Hai in mente qualche altro ingrediente importante, caratteristico di una teoria scientifica?

INSEGNANTE. Sì, secondo me un ingrediente particolarmente rilevante è quello dell'*operazionalismo*, o *operazionismo*. Significa che i concetti che formano la struttura portante di una teoria dovrebbero essere, nella misura del possibile, *definiti in termini operativi*.

STUDENTE. Che cosa significa?

INSEGNANTE. Semplicemente, che la definizione di tali concetti dovrebbe fondarsi su dei *test sperimentali*.

STUDENTE. Perché questo?

INSEGNANTE. Vedi, tutto ciò che noi conosciamo a proposito della realtà proviene dalla nostra *esperienza* della stessa. Pertanto, è ragionevole richiedere che tutti i concetti importanti delle nostre teorie si fondino il più possibile su tale esperienza o, più specificatamente, su dei test di natura sperimentale. L'idea dell'operazionalismo è che vi sia una corrispondenza intima tra un concetto e un certo insieme di *operazioni sperimentali* che possiamo associare a tale concetto, di modo che tali operazioni possano essere impiegate per fornire una definizione chiara del concetto stesso, che potrà così essere consensualmente accettata. Beninteso, dal momento che vogliamo includere la realtà tutta nella nostra indagine, dobbiamo qui intendere i termini di "esperienza" e di "operazioni sperimentali" in un senso molto ampio, considerando sempre le *esperienze soggettive* della coscienza come i dati primari, di modo che le cosiddette *esperienze oggettive* possano essere comprese, semplicemente, come "esperienze private condivise e consensualmente riconosciute come sufficientemente simili tra loro". Inoltre, naturalmente, le esperienze soggettive non devono limitarsi a quelle che originano dai nostri sensi fisici ordinari, ma devono poter includere le *esperienze parasensoriali*, così come le *esperienze mentali*, in una sorta di empirismo radicale alla *William James* [H, 1994].

STUDENTE. Sì, credo di capire cosa intendi. Potresti tuttavia essere un po' più esplicito?

INSEGNANTE. D'accordo, ci provo. Grosso modo, posso affermare che la mia realtà corrisponde a tutto ciò che mi accade o, se preferisci, a tutti quei fenomeni che sono in grado di sperimentare. Ora, se voglio comprendere il funzionamento di tale realtà, devo focalizzare la mia attenzione su alcuni di questi accadimenti, o fenomeni, trascurandone altri. Comincerò con l'identificare fenomeni che, secondo le mie percezioni o parapercezioni, spiccano rispetto agli altri, e, per così dire, s'impongono alla mia vista, o paravista. A questi fenomeni *emergenti* attribuirò delle *proprietà* e darò nomi specifici. In altre parole, in qualità di scienziato che indaga la realtà, utilizzerò i miei *talenti analitici* per separare parti della realtà che possiedono tutta una serie di proprietà specifiche, che chiamerò *sistemi*, o *entità*. Gli scienziati convenzionali, come ad esempio i fisici, descrivono unicamente le cosiddette *entità fisiche*, ma noi sappiamo, grazie alla nostra esperienza multidimensionale della realtà, che le entità non necessariamente sono di tipo fisico, potendo anche essere di tipo parafisico e/o metafisico.

## ENTITÀ

STUDENTE. Potresti farmi alcuni esempi espliciti di queste porzioni di realtà che tu chiami entità?

INSEGNANTE. Certamente: la sedia sulla quale sei seduto, il tavolo di fronte a noi, l'aria che stiamo respirando, la pioggia fuori dal locale, che cade sul marciapiede, il mio *energosoma*, che proprio ora sta ricevendo una doccia energetica quale conseguenza di questa nostra stimolante discussione, il tuo *psicosoma*, che in questo momento non sono in grado di vedere, il tuo corpo fisico, che invece posso percepire chiaramente con i miei occhi fisici, e così via.

STUDENTE. Se ho capito bene, tutto ciò che possiede un nome nel nostro linguaggio sarebbe un'entità.

INSEGNANTE. Decisamente. Quando abbiamo sufficiente conoscenza di un'entità, solitamente le attribuiamo un nome. Ma vediamo di sceglierne una in particolare, cercando di spingerci un po' più in profondità nella nostra analisi. Consideriamo ad esempio il tuo corpo.

STUDENTE. Intendi dire me?

INSEGNANTE. No, non te, ma quella porzione del tuo *olosoma* detta corpo fisico umano, o *soma*, che in questo preciso istante stai utilizzando per sorseggiare una tazza di tè e per ascoltarmi. Diamo al tuo soma un nome. Se sei d'accordo, per comodità lo chiameremo, semplicemente, *entità S*.

STUDENTE. Suona bene: io sono l'entità *S*!

INSEGNANTE. No, tu non sei l'entità *S*, tu stai unicamente utilizzando l'entità *S* per manifestarti in questa dimensione fisico-densa.

STUDENTE. Sì, naturalmente, scusa.

INSEGNANTE. Nessun problema. Ora, dare un nome all'entità oggetto della nostra indagine è solo il primo passo. Il secondo passo è quello di determinare quali sono le *proprietà* rilevanti che la caratterizzano, ed è a questo punto che, beninteso, l'idea di operazionalismo entra in gioco.

## PROPRIETÀ

STUDENTE. Ma che cos'è esattamente una proprietà?

INSEGNANTE. Possiamo dire che una proprietà è qualcosa che un'entità *ha*, o *possiede*, indipendentemente dal contesto in cui si trova. Per esempio, il tuo soma è più alto di *1,5 metri*, dico bene?

STUDENTE. Sì, io sono... cioè, volevo dire... il mio soma è, indubbiamente, più alto di *1,5* metri.

INSEGNANTE. Ottimo. Quindi, concorderai con me nel dire che l'entità *S* possiede la proprietà di "essere più alta di *1,5* metri".

STUDENTE. Concordo. Ma dimmi: tale proprietà sarebbe definita in termini operativi?

INSEGNANTE. Sicuramente, e permettimi di spiegarti perché. Ogni volta che desideri sapere se un'entità ha o non ha una determinata proprietà, tutto ciò che devi fare è porti una *domanda*.

STUDENTE. Quale domanda?

INSEGNANTE. Semplicemente la domanda se l'entità possiede o meno la proprietà in questione. E la risposta a tale domanda potrà essere sia un "sì", l'entità possiede la proprietà, sia un "no", l'entità non possiede la proprietà. Sei d'accordo?

STUDENTE. Sì, mi sembra evidente.

INSEGNANTE. E sei d'accordo che se la domanda è operazionisticamente definita, allora anche la proprietà ad essa associata, di conseguenza, lo sarà?

## DOMANDE OPERAZIONALI

STUDENTE. Penso di essere d'accordo. Ma che cosa significa che una domanda è operazionisticamente definita?

INSEGNANTE. Significa che la domanda è accompagnata da un esperimento che può essere effettuato sull'entità, per determinare se sì o no essa possiede la proprietà in questione.

STUDENTE. Potresti essere più specifico?

INSEGNANTE. Ok, consideriamo l'esempio della proprietà di "essere più alta di *1,5* metri". Potresti indicarmi un esperimento che potrei eseguire per determinare se *S* ha o meno tale proprietà?

STUDENTE. È facile. Per esempio, puoi prendere un nastro misuratore e usarlo per misurare l'altezza dell'entità; se il risultato è oltre *1,5* metri, la risposta alla domanda è "sì", l'entità ha la proprietà di essere più alta di *1,5* metri, altrimenti la risposta è "no".

INSEGNANTE. Molto bene. Quello che hai appena fatto è definire un *progetto sperimentale*, specificando l'apparato di misura da utilizzare (il nastro), le operazioni da eseguire e le regole da impiegare per interpretare i risultati dell'esperimento, nei termini di un'alternativa binaria del tipo "sì" o "no". Tale progetto sperimentale, o più semplicemente *test*, è esattamente ciò che avevo in mente quando ti ho parlato di *domande operazionisticamente definite*.

STUDENTE. Se ho inteso correttamente, una domanda operazionisticamente definita sarebbe un *test sperimentale con un'alternativa "sì-no"*, che consentirebbe a sua volta di definire una proprietà in termini operazionali.

INSEGNANTE. Giusto. Se mi chiedi che cos'è una determinata proprietà, posso risponderti in termini operazionali dicendoti che è un qualcosa che un'entità possiede se, nell'ipotesi che io decidessi di eseguire sull'entità un determinato test, la risposta "sì" sarebbe *certa*.

STUDENTE. In altre parole, il test sarebbe ciò che definisce la proprietà stessa.

INSEGNANTE. Esattamente, anche se possiamo osservare che in generale vi sono un'infinità di test differenti che possiamo utilizzare, in modo del tutto equivalente, per definire in termini operazionali una medesima proprietà. Per esempio, come alternativa al tuo precedente test, potrei definire la seguente procedura: prendi *25* volumi di Proieziologia del dott. *Waldo Vieira*, impilali uno sull'altro, quindi posiziona l'entità a fianco della pila; se l'entità supera in altezza la pila, la risposta è "sì", altrimenti la risposta è "no".

STUDENTE. Immagino che il tuo test sia equivalente al mio perché l'entità denominata "volume di proieziologia del dott. Vieira" possiede la proprietà di essere spessa *6* centimetri, cosicché una pila di *25* libri è alta esattamente *1,5* metri.

INSEGNANTE. Ottima deduzione.

STUDENTE. Quindi, correggimi se sbaglio, in termini generali una proprietà sarebbe operazionisticamente definita per mezzo di un'intera collezione di *test equivalenti*.

INSEGNANTE. Sì, e tutti questi test equivalenti, per definizione, appartengono a una medesima *classe di equivalenza di test*, che si trova in una corrispondenza biunivoca (uno-a-uno) con la proprietà che definisce.

### ATTUALITÀ E POTENZIALITÀ

STUDENTE. Allora, se uno volesse verificare se un'entità possiede o meno una determinata proprietà, dovrebbe semplicemente scegliere uno dei test disponibili nella corrispondente classe di equivalenza, e usarlo per effettuare l'esperimento, giusto?

INSEGNANTE. Sì. Se la risposta è "no", può essere sicuro che l'ipotesi sulla proprietà è falsa, e in tal caso si usa dire che la proprietà è solo *potenziale*.

STUDENTE. Ma se la risposta è "sì", in tal caso l'ipotesi è *dimostrata*, giusto?

INSEGNANTE. Non dimostrata, solo *confermata*.

STUDENTE. Non capisco. Se prendi il nastro misuratore e misuri l'altezza del mio soma, e il risultato è oltre *1,5* metri, allora, secondo me, l'ipotesi che il mio soma è più alto di *1,5* metri non solo è confermata, ma è del tutto provata.

INSEGNANTE. Sì, in questo caso specifico potresti anche avere ragione. Ma non si tratta di una conseguenza del fatto che hai eseguito il test e ottenuto la risposta affermativa, in quanto tale esito è solo in grado di confermare l'ipotesi, non di provarla.

STUDENTE. Sono confuso, che cosa non sto capendo?

INSEGNANTE. Per dimostrare un'ipotesi riguardo a un'entità non è sufficiente eseguire un test corrispondente alla proprietà in questione e trovare la risposta "sì". Infatti, è solo quando si è in grado di *predire con certezza* che il test darebbe la risposta affermativa, senza il bisogno di eseguirlo, che è possibile affermare che la proprietà è dimostrata. Solo in tale circostanza possiamo dire che l'entità *ha* la proprietà in *attualità* o, più semplicemente, che la proprietà è *attuale*.

STUDENTE. Quello che dici mi sembra un po' strano: come si può conoscere la risposta se non si esegue l'esperimento?

INSEGNANTE. Per aiutarti a chiarire questo punto, permettimi di considerare come esempio la proprietà di "essere bruciabile", che come sicuramente saprai è la capacità di una sostanza fisica, in certe condizioni, di combinarsi con l'ossigeno e produrre calore.

STUDENTE. Puoi definire in modo operazionale la proprietà di "essere bruciabile"?

INSEGNANTE. Certo. Il mio test è il seguente: metti l'entità in un forno crematorio e consenti al forno di raggiungere un'alta temperatura, poi aspetta un paio di ore, quindi verifica se l'entità è stata efficacemente distrutta. Se è così, la risposta è "sì", altrimenti la risposta è "no". Cosa ne dici: la tua entità *S* possiede o non possiede la proprietà di "essere bruciabile"?

STUDENTE. La possiede eccome.

INSEGNANTE. Come lo sai? Non ho ancora eseguito il test sul tuo soma.

STUDENTE. E non lo farai!

INSEGNANTE. Mi stai forse dicendo che sai in anticipo che la risposta al mio test è "sì"?

INSEGNANTE. Assolutamente.

INSEGNANTE. Come puoi esserne così sicuro?

STUDENTE. Lo so per esperienza. Innumerevoli entità del tutto identiche alla mia entità *S* hanno subito il tuo test e, per quanto ne so, la risposta è sempre stata affermativa. Pertanto, penso di poter concludere, con ragionevole certezza, che l'entità *S* possieda in attualità la proprietà di "essere bruciabile", senza alcun bisogno di effettuare il test.

INSEGNANTE. Esatto, e se sei in grado di concludere che la proprietà è *attuale*, è precisamente perché conosci il risultato dell'esperimento prima ancora di effettuarlo.

STUDENTE. Ciò che stai dicendo è che dal momento che uno sperimentatore ha realizzato, per un certo numero di volte, lo stesso test, o test equivalenti, sulla medesima entità, o su entità analoghe, e ha scoperto che la risposta è sempre la stessa, in tal caso può ragionevolmente affermare che, se dovesse effettuare il test ancora una volta, su uno stesso tipo di entità, nelle medesime condizioni, la medesima risposta si ripresenterebbe con certezza.

INSEGNANTE. Sì, è così.

STUDENTE. Beh, è una buona notizia, considerando che ora posso affermare con certezza che il mio soma è bruciabile, senza il bisogno di distruggerlo!

INSEGNANTE. Sì, è decisamente più sicuro. Ma permettimi ora di riassumere quanto ci siamo detti finora. I sistemi, o le entità, sono porzioni di realtà che possiamo caratterizzare per mezzo di proprietà. Le proprietà, d'altra parte, sono definite in termini operazionali per mezzo di classi di test (o di progetti sperimentali) equivalenti. Una proprietà è detta *attuale* se e solo se, se si decidesse di eseguire un test corrispondente a tale proprietà, il risultato atteso sarebbe certo. Questo significa che l'entità *ha* la proprietà *prima* ancora che il test sia eseguito, e prima ancora che si sia deciso di eseguirlo. E questo significa anche che la proprietà corrisponde a un *elemento di realtà*, esistente indipendentemente dalla nostra osservazione.[3] D'altra parte, se non è possibile, nemmeno in linea di principio, determinare in anticipo e con certezza quale sarà il risultato del test, ed è quindi necessario effettuarlo, allora, se la risposta ottenuta è un "sì", tutto quello che è possibile affermare è che la proprietà è stata confermata, ma non provata. Infine, se l'esito del test non è positivo (risposta "no"), possiamo affermare con certezza che l'entità *non ha* la proprietà in attualità, e che quindi la proprietà è solo *potenziale*. Concordi con tutto questo?

## CERTEZZA RELATIVA

STUDENTE. Concordo. Tuttavia, non penso si possa essere assolutamente certi di nulla. Anche nel caso del mio soma, non posso logicamente escludere che, forse, possiedo dei poteri di invulnerabilità di cui non sono a conoscenza, cosicché, a rigor di termini, non posso assolutamente essere certo che la mia entità *S* sia realmente bruciabile.

---

[3] Questa è esattamente la definizione di *elemento di realtà* storicamente adottata da *Einstein*, *Podolsky* e *Rosen* [EPR, 1935] nel loro celebre articolo del *1935*: "Se, senza in alcun modo disturbare il sistema, possiamo predire con certezza il valore di una grandezza fisica, allora esiste un elemento di realtà corrispondente a questa grandezza fisica".

INSEGNANTE. È un'ottima osservazione, e hai sicuramente ragione. Se preferisci, possiamo rimpiazzare la nozione di "certezza" con quella di "certezza relativa", o "certezza temporanea". Infatti, non possiamo escludere che in futuro non incontreremo delle *anomalie*, come ad esempio un corpo fisico umano non bruciabile. D'altra parte, la scoperta di anomalie di tale portata si ripercuoterebbe in modo profondo nella nostra visione e comprensione della realtà, imponendo una revisione radicale delle teorie d'avanguardia che impieghiamo per descriverla e spiegarla. La nostra realtà, così come la concepiamo, consiste in ciò che riteniamo di sapere con certezza a suo proposito, sulla base delle evidenze a nostra disposizione e delle teorie più avanzate, e meglio corroborate, che disponiamo a tutt'oggi.

STUDENTE. Intendi dire che siamo autorizzati ad essere certi di qualcosa, purché teniamo sempre bene a mente che le nostre certezze di oggi potrebbero non corrispondere alle nostre certezze di domani?

INSEGNANTE. Questa è l'idea.

STUDENTE. Mi ricordo che durante il tuo corso hai più volte menzionato il concetto di *verità relativa d'avanguardia*. Ha forse a che vedere con quello che mi stai dicendo ora?

INSEGNANTE. Sicuro. Certezza e verità sono concetti evidentemente collegati. Pertanto, similmente al concetto di verità relativa d'avanguardia, possiamo definire il concetto di *certezza relativa d'avanguardia*. Una certezza relativa d'avanguardia è una certezza che possiamo ricavare dalla nostra più avanzata comprensione della realtà.

STUDENTE. Capisco, e la nostra più avanzata comprensione della realtà sarebbe quella che origina dalla migliore tra le teorie della realtà al momento disponibili.

INSEGNANTE. Precisamente: una teoria relativa d'avanguardia che è stata sottoposta alle più severe critiche razionali e ai più decisivi e sistematici test sperimentali, sopravvivendo a tale iter, contrariamente alle teorie rivali.

STUDENTE. Quindi, come ho detto prima, dobbiamo solo ricordarci che ciò che riteniamo vero e certo oggi potrebbe non esserlo più domani, poiché la realtà cambia in continuazione e noi coscienze ci stiamo evolvendo, quindi stiamo costantemente accrescendo la nostra conoscenza della realtà nella quale partecipiamo. Per queste ragioni non possiamo pretendere che le nostre verità e certezze di oggi restino permanentemente valide.

INSEGNANTE. Sì, ben detto. Ciò che crediamo reale oggi potrebbe non essere più considerato tale domani. Considera però che nemmeno questo è certo, o necessariamente vero. I concetti di verità relativa e certezza relativa sono a loro volta relativi. Altrimenti, l'affermazione che ogni verità e certezza sono relative costituirebbe una verità assoluta, che pertanto si auto-contraddirebbe.

STUDENTE. Sono confuso. Come devo comprendere allora questi concetti?

INSEGNANTE. Semplicemente come dei concetti che sono allo stesso tempo assoluti e relativi: sono assoluti ma con una validità contestuale, il loro carattere assoluto essendo relativo a un determinato dominio di applicazione, che potrà essere spaziale, temporale, evolutivo, o altro ancora.


## IDENTITÀ


STUDENTE. Penso di avere afferrato l'idea. Ma ora mi chiedo: tutte le proprietà che abbiamo sin qui considerato, in associazione con la mia entità $S$, se non sbaglio rimangono sempre attuali. Tuttavia, in generale le proprietà dovrebbero poter cambiare nel corso del tempo, di modo che quelle che in passato erano solo potenziali possano divenire attuali, e viceversa.

INSEGNANTE. È un'osservazione molto pertinente. Infatti, al momento nella nostra discussione abbiamo solo considerato quelle proprietà attuali dell'entità $S$ che non cambiano nel corso del tempo.

STUDENTE. Indubbiamente, fino a quando il mio soma esisterà, e sempreché nessuna anomalia si manifesti nel nostro Universo, sarà sempre bruciabile e più alto di *1,5* metri.

INSEGNANTE. Sì, e proprietà come queste, che rimangono sempre attuali, sono dette *proprietà intrinseche* dell'entità. Si tratta di *attributi* che possono essere usati per definire e caratterizzare l'entità stessa. In altre parole, formano l'*identità* dell'entità in questione. Tuttavia, non tutte le proprietà sono di questo tipo. In generale, le proprietà possono cambiare, e risultare sia attuali che potenziali. Consideriamo a titolo di esempio la proprietà di "avere gli occhi aperti". I test corrispondenti a tale proprietà sono molto semplici e consistono essenzialmente nell'osservare gli occhi dell'entità, alfine di determinare se sono aperti o chiusi. Ovviamente, la proprietà è sprovvista di senso se l'entità non è provvista di almeno un occhio. Ora, dal momento che sbatti frequentemente le palpebre, lo status di questa proprietà oscilla rapidamente, passando da attuale a potenziale e da potenziale ad attuale, col passare del tempo. E beninteso, vi sono numerosissime altre proprietà di questo tipo che possiamo attribuire alla tua entità *S*, in grado di cambiare continuamente il loro *modo di essere*, passando dalla potenzialità all'attualità, e viceversa. Questa osservazione mi permette di introdurre un concetto molto importante, che possiamo definire in modo preciso: il concetto di *stato*. Come forse saprai, praticamente ogni teoria scientifica utilizza, in modo più o meno esplicito, la nozione di "stato del sistema", o "stato dell'entità". Prima della rivoluzione quantistica, si riteneva che tutte le informazioni su una determinata entità, così come sui possibili risultati delle misure sperimentali effettuate su di essa, fossero perfettamente determinati una volta che era noto il suo stato e come questo cambiava nel tempo, secondo determinate leggi dinamiche. Ma dimmi: quale pensi potrebbe essere una buona definizione di stato di un'entità?

## STATO

STUDENTE. Fammi pensare... se non sbaglio, nella sua accezione comune, il termine "stato" si riferisce alla *condizione* di una cosa.

INSEGNANTE. Sì, e che cosa caratterizza la condizione di un'entità?

STUDENTE. Ebbene, credo che la condizione di un'entità sia caratterizzabile da ciò che siamo in grado di dire sull'entità... voglio dire, ciò che possiamo dire sulla sua condizione. Hm... mi suona un po' tautologico.

INSEGNANTE. Non necessariamente. Intendi forse dire: ciò che siamo in grado di affermare sulla condizione dell'entità che sappiamo essere vero?

STUDENTE. Credo di capire dove vuoi arrivare: lo stato di un'entità corrisponderebbe a ciò che l'entità è... ossia, a ciò che è in modo certo, indipendentemente dal suo contesto.

INSEGNANTE. Esattamente. Usando un linguaggio un po' più preciso, possiamo riformulare quello che hai appena detto nel modo seguente: *lo stato di un'entità è, per definizione, l'insieme di tutte le sue proprietà attuali.*

STUDENTE. Sì, mi sembra chiaro. Dunque, i diversi stati che un'entità può assumere, i suoi diversi *modi di essere*, corrisponderebbero a ciò che l'entità possiede, in termini di proprietà attuali.

INSEGNANTE. Giusto, e pertanto, in un senso molto generale, possiamo affermare che *siamo ciò che abbiamo*. Per esempio: per *essere* finanziariamente ricco, devo *avere* molti soldi; per essere intelligente, devo possedere l'attributo dell'intelligenza; per essere intrafisicamente lucido, devo possedere un numero sufficiente di unità di coscienza (*cos*); per essere amorevole, devo avere sufficiente amore da dare, e così via. *Essere è avere.*

STUDENTE. Sì, sembra logico.

INSEGNANTE. Quindi, fermo restando che uno stato è la

collezione di tutte le proprietà che sono attuali per un'entità, in un dato momento, è anche evidente, considerando quanto ci siamo finora detti, che una volta che conosciamo lo stato di un'entità, sappiamo tutto ciò che è possibile affermare con certezza su di essa. E poiché col tempo alcune proprietà diventano potenziali, mentre altre proprietà da potenziali diventano attuali, ciò significa che lo stato di un'entità, in generale, cambierà nel corso del tempo. In altre parole, ciò che possiamo affermare a proposito di *S* ora, è diverso da ciò che potremo affermare a proposito di *S* fra, diciamo, un paio di ore, in base al fatto che gli stati di tutte le entità che compongono la nostra realtà sono in continuo cambiamento, quale conseguenza di quel mega processo comunemente detto *evoluzione*

STUDENTE. Dimmi: è possibile determinare in anticipo l'evoluzione di un'entità?

INSEGNANTE. È la vecchia questione del *determinismo*. Per rispondere a questa tua domanda dobbiamo distinguere due casi. Il primo caso corrisponde alla situazione in cui la tua conoscenza dello stato dell'entità, e la tua conoscenza della natura dell'interazione tra l'entità e il suo contesto, non è completa. Questo potrebbe essere il caso se la tua esperienza con l'entità in questione è stata solo parziale, e non hai avuto modo di scoprire tutte le sue *proprietà più forti*.

## PROPRIETÀ ATOMICHE

STUDENTE. Che cosa intendi con "proprietà più forti"?

INSEGNANTE. Consideriamo ancora una volta la proprietà dell'entità *S* di "essere più alta di *1,5* metri", e chiamiamola, per comodità, proprietà *a*. Se ben ricordi, la proprietà *a* può essere definita per mezzo di un test in cui si fa uso di un nastro misuratore.

STUDENTE. Sì, se l'altezza misurata dal nastro è oltre *1,5* metri, la risposta è "sì", oppure "no" se non è il caso.

INSEGNANTE. Esatto. Per semplicità chiamiamo questo test $\alpha$ (*alfa*). Ora, in aggiunta al test $\alpha$, possiamo considerare un nuovo test, $\alpha'$, che è in tutto e per tutto uguale ad $\alpha$, salvo il fatto che ora la risposta è "sì" se il nastro misura un'altezza superiore a *1,75* metri. Beninteso, al test $\alpha'$ possiamo associare una nuova proprietà $a'$, che è la proprietà di "essere più alta di *1,75* metri". La proprietà $a'$ è detta *più forte* della proprietà $a$, poiché quando $a'$ è attuale allora anche $a$ deve esserlo, necessariamente. È così perché quando la domanda sperimentale $\alpha'$ è vera, allora anche la domanda $\alpha$ è □□□□□.

STUDENTE. Quindi, in generale, è possibile ordinare i test e le proprietà sulla base della loro forza relativa.

INSEGNANTE. Giusto. E infatti esiste una struttura matematica interessante alla base di questa *relazione d'ordine*, ma questo ci porterebbe troppo lontano dalla nostra discussione. L'aspetto importante qui da comprendere è che vi sono proprietà più fondamentali di altre, nel senso che vi sono proprietà più forti di altre proprietà.

STUDENTE. Ma allora, dovrebbero esistere anche delle proprietà le quali, in un certo senso, sarebbero le più forti in assoluto.

INSEGNANTE. Corretto. Si tratta di quelle proprietà la cui attualità non è deducibile dall'attualità di altre proprietà. Queste proprietà, più forti di tutte le altre, sono solitamente dette *proprietà atomiche* dell'entità.

STUDENTE. Quindi, se capisco bene, per avere una conoscenza completa dei diversi stati possibili di un'entità devo avere accesso a tutte le sue proprietà atomiche.

INSEGNANTE. Esattamente. Tra l'altro, questa è la ragione per cui le proprietà atomiche sono anche dette *proprietà-stato*. E infatti, ogni proprietà atomica si trova in corrispondenza biunivoca con uno degli stati possibili dell'entità.

STUDENTE. Ora mi sono un po' perso. Perché mai?

## MANCANZA DI CONOSCENZA

INSEGNANTE. Concludiamo prima la nostra discussione in relazione al determinismo, torneremo poi su questo punto fra breve. Se la mia conoscenza dello stato di un'entità, e delle leggi che ne governano l'evoluzione, è incompleto, chiaramente non sarò nella condizione di predire con certezza i suoi stati futuri. In questa situazione, a causa della mia *mancanza di conoscenza*, il meglio che potrò fare è formulare una previsione di tipo *probabilistico*.

STUDENTE. Perché di tipo probabilistico?

INSEGNANTE. Semplicemente perché le probabilità sono il linguaggio matematico appropriato con cui uno scienziato può esprimere, in modo preciso, la sua mancanza di conoscenza relativamente a un determinato aspetto del reale.

STUDENTE. Sono perplesso. Di recente ho letto un testo divulgativo di fisica quantistica, e mi ricordo che l'autore spiegava che i sistemi quantistici sono realmente imprevedibili, e che la teoria quantistica sarebbe in grado unicamente di calcolare le probabilità degli esiti dei diversi test sperimentali. Secondo l'autore, queste probabilità non sarebbero però riconducibili alla nostra mancanza di conoscenza circa l'entità in questione, ma sarebbero piuttosto degli elementi irriducibili del tessuto del reale.

INSEGNANTE. Sì, è una prospettiva assai diffusa tra numerosi fisici quantistici. Ma è solo una prospettiva, un'interpretazione. Permettimi di spiegarti. In fisica quantistica è possibile descrivere, in linea di principio, lo stato di un'entità fisica in modo completo. In altri termini, la più parte dei fisici considera oggi di avere identificato le proprietà atomiche delle entità fisiche più semplici, come le cosiddette particelle elementari. Malgrado questo, il meglio che la loro teoria è in grado di fare è fornire delle predizioni probabilistiche. E dal momento che tale indeterminazione probabilistica non è di natura *epistemica*, non essendo associata, apparentemente, a una condizione di mancanza di conoscenza, molti ritengono che le probabilità quantistiche siano di natura *ontologica*, vale a dire: degli ingredienti imprescindibili e irriducibili della realtà stessa.

STUDENTE. E tu concordi?

INSEGNANTE. Ebbene, personalmente non comprendo quale possa essere il significato di una probabilità se non posso associarla a una situazione di *mancanza di conoscenza*. A questo proposito, ti può forse interessare sapere che negli ultimi anni alcuni fisici, cercando di capire quale poteva essere il meccanismo in grado di spiegare le misteriose probabilità quantistiche, sono riusciti a sviluppare degli interessanti modelli di *macchine quantistiche* [AD, 1994]. Queste sorprendenti macchine sono costituite da oggetti macroscopici del tutto convenzionali, come quelli con cui abbiamo a che fare nella vita di tutti i giorni, ma in grado di esibire un comportamento puramente quantistico.

STUDENTE. Macchine macroscopiche convenzionali con un comportamento quantistico, com'è possibile?

INSEGNANTE. È possibile perché la differenza tra un'entità quantistica e un'entità classica (nel senso di non quantistica) si fonda unicamente sulla differenza strutturale relativa alle nostre possibilità di sperimentare attivamente con tali entità.

STUDENTE. Mi sono perso.

## PROBABILITÀ QUANTISTICHE

INSEGNANTE. Ti chiedo scusa, capisco che il mio discorso possa apparirti piuttosto tecnico. Comunque, per comprendere appieno la differenza tra probabilità classiche e quantistiche, si dovrebbe poter entrare nei dettagli matematici della questione. Possiedi qualche nozione di teoria delle probabilità?

STUDENTE. Poca roba.

INSEGNANTE. Hai mai avuto occasione di leggere, in un manuale di *statistica*, una discussione sulle possibili influenze che uno strumento di misura può esercitare su un sistema?

STUDENTE. Direi di no. Però mi sembra un problema più di fisica che di statistica.

INSEGNANTE. Hai ragione, e questo spiega perché le probabilità che appaiono in meccanica quantistica non sono mai state discusse nei manuali classici di statistica e probabilità. Queste probabilità, infatti, non corrispondono a una condizione di mancanza di conoscenza circa lo stato dell'entità fisica, ma piuttosto circa *l'interazione che di volta in volta viene attuata tra lo strumento di misura e l'entità misurata*. Non si tratta però di una situazione anomala, che incontriamo unicamente quando abbiamo a che fare con dei sistemi microscopici, come le particelle elementari. Si tratta infatti una situazione comune, che è presente anche nella nostra vita di tutti i giorni.

STUDENTE. Un esempio per favore.

INSEGNANTE. Immagina di avere appena comprato un sacchetto di elastici, e che desideri testare la loro proprietà di "essere mancini".

STUDENTE. Un elastico *mancino*? Suona un po' bizzarro.

INSEGNANTE. Concordo, ma permettimi di spiegarti qual è il progetto sperimentale che ho in mente, che consente di definire in termini operazionali precisi la proprietà di un elastico di "essere mancino". È molto semplice: devi prendere l'elastico e tirarlo con forza con le due mani, fino a romperlo. Se il frammento più lungo rimane nella tua mano sinistra, il responso è un "sì", altrimenti un "no".

STUDENTE. Mi ricorda molto il tuo precedente test, relativo alla proprietà di "essere bruciabile". Al termine del test l'entità non è più come era prima del test. Si tratta di procedure invasive, che distruggono le entità sottoposta al test.

INSEGNANTE. Hai ragione. Il test trasforma profondamente l'entità. Se la distrugge, o se crea nuove entità, è solo una questione di punti di vista. Considerando il mio test del mancinismo dell'elastico, beninteso questo presume che tutti gli elastici nel tuo sacchetto possiedano la proprietà intrinseca di "essere rompibili". Se prendi un elastico dal sacchetto e lo tiri con sufficiente forza, questo certamente si romperà. E poiché puoi predire in anticipo che lo farà, sai che "essere rompibile" è una proprietà intrinseca stabile, cioè un attributo, di tutti gli elastici del tuo sacchetto. Tuttavia, non devi commettere l'errore di confondere un elastico "rompibile" con un elastico "rotto"!

STUDENTE. Perché?

INSEGNANTE. Semplicemente perché un elastico rompibile può essere facilmente rotto, mentre un elastico già rotto non necessariamente è ancora facilmente rompibile.

STUDENTE. Capisco cosa vuoi dire. Alcuni frammenti potrebbero essere troppo piccoli per essere nuovamente strappati.

INSEGNANTE. Esattamente. O più semplicemente, puoi ritenere che, per definizione, è rompibile solo ciò che non è stato ancora rotto. Ma permettimi ora di chiederti di fare una cosa. Prendi tutti gli elastici del tuo sacchetto e fanne due diversi mucchietti. Nel mucchietto di sinistra metti tutti gli elastici rompibili che sono mancini, mentre in quello di destra quelli rompibili che non sono mancini. Puoi farlo per me?

STUDENTE. È impossibile! Non posso determinare in anticipo se un elastico è mancino o meno.

INSEGNANTE. Per quale ragione?

STUDENTE. Perché unicamente il test è in grado di rivelare il mancinismo di un elastico.

INSEGNANTE. E dimmi, è forse così perché ti mancano delle informazioni importanti circa le proprietà meccaniche degli elastici del tuo sacchetto? In altri termini, la tua impossibilità nel determinare in anticipo il mancinismo di un elastico, risulta forse da una tua insufficiente conoscenza circa lo stato specifico dell'elastico in questione?

STUDENTE. Non è questo il punto. Anche conoscendo tutto ciò che c'è da conoscere sulle proprietà e sullo stato di un elastico, non credo che ciò mi aiuterebbe a determinare in anticipo se è mancino o meno.

INSEGNANTE. Concordo. Se così fosse, saresti in grado di identificare specifici attributi dell'elastico fortemente correlati alla sua propensità di essere mancino. E questo ti permetterebbe di separare a priori gli elastici del tuo sacchetto nei due mucchietti in questione. Così facendo, potresti contare il numero di elastici nel mucchietto di sinistra e dividere tale numero per il numero totale di elastici, ottenendo così la probabilità a priori di estrarre un elastico mancino dal sacchetto. Una tale probabilità sarebbe una probabilità propriamente classica, non quantistica.

STUDENTE. Ma quello che dici non posso farlo. Significa forse che un calcolo delle probabilità è in possibile in questo caso?

INSEGNANTE. No, significa unicamente che le probabilità che puoi dedurre dai tuoi esperimenti sono di una natura differente rispetto alle probabilità classiche convenzionali. Si tratta infatti di probabilità di tipo quantistico.

STUDENTE. Probabilità quantistiche con degli elastici? Com'è possibile?

**CREARE E SCOPRIRE**

INSEGNANTE. Vedi, le probabilità classiche esprimono la nostra mancanza di conoscenza circa quelle proprietà di un'entità, o sistema, che sono già presenti, già attuali, prima ancora di fare o addirittura decidere di fare l'esperimento in grado di testarle. In altri termini, le probabilità classiche sono relative alla possibilità di scoprire *qualcosa che già esiste*. D'altra parte, le probabilità quantistiche esprimono la nostra mancanza di conoscenza circa quelle proprietà che *non esistono ancora prima dell'esperimento*, ma che possono essere *create* durante la sua esecuzione, tramite la sua esecuzione. La distinzione tra elastici mancini e non-mancini è creata dal test stesso. Capisci cosa intendo?

STUDENTE. Penso di sì. Quindi, la distinzione tra probabilità classiche e quantistiche sarebbe essenzialmente quella tra lo *scoprire* ciò che già è, e il *creare* ciò che ancora non è, per mezzo di una procedura sperimentale.

INSEGNANTE. Hai afferrato il punto. Ma questo non significa che le probabilità quantistiche sarebbero per questo di tipo ontologico. Sono sempre e comunque associabili a una situazione di mancanza di conoscenza, ma di tipo *contestuale*: sono il risultato della nostra ignoranza di come il contesto sperimentale, l'ambiente esperienziale, influenza lo stato dell'entità nel corso della sua evoluzione, e in particolar modo nel corso di un test sperimentale. Nel caso dell'elastico, è molto chiaro che la nostra mancanza di conoscenza corrisponde esattamente alla nostra ignoranza del punto esatto in cui l'elastico si romperà durante l'esperimento.

STUDENTE. Ma se ripeto l'esperimento più volte, con diversi elastici, supponendo che sono stati tutti fabbricati nello stesso modo, dovrei poter comunque ottenere un valore sperimentale per la probabilità di un elastico di essere mancino.

INSEGNANTE. Sicuro. In questo caso sei anche in grado di dedurre in modo teorico tale probabilità, usando un semplice criterio di simmetria. Infatti, essendo che la forza che le tue mani esercitano sui due lati dell'elastico è necessariamente la stessa, a causa della *terza legge di Newton*, quando romperai l'elastico non potrai favorire in nessun modo un lato piuttosto che l'altro; pertanto, in media, otterrai la stessa quantità di elastici mancini e non-mancini. In altre parole, la tua probabilità sperimentale tenderà necessariamente verso il valore di ½.

## FUNZIONE D'ONDA[4]

STUDENTE. E cosa mi dici della *funzione d'onda*?

INSEGNANTE. A cosa ti riferisci?

STUDENTE. In quel testo divulgativo di fisica quantistica che ho letto, l'autore spiegava che nella teoria c'è un oggetto matematico denominato funzione d'onda, e affermava che la funzione d'onda descrive lo stato di un'entità fisica, e che se si considera una sorta di quadrato della funzione d'onda, si ottengono tutte le probabilità del caso. Quindi, stavo pensando, se potessi determinare la funzione d'onda dei miei elastici, dovrei essere in grado di calcolare tutte le probabilità ad essi associate, come ad esempio quella di essere rompibili, che dovrebbe essere uguale a uno, o quella di essere mancini, che dovrebbe essere uguale a un mezzo. Dico bene?

INSEGNANTE. Non esattamente. Strutturalmente parlando un'entità come un elastico è molto differente da un elettrone, che come tu affermi può essere convenientemente descritto da una funzione d'onda: un oggetto matematico che obbedisce a specifiche equazioni dinamiche, come quelle di *Schrödinger* e *Dirac*. Un'entità come un elastico è però molto diversa da un elettrone, così come è differente la sua descrizione matematica. A questo proposito, considera che la meccanica quantistica, nella sua formulazione standard, è da ritenersi una teoria incompleta, nel senso che sicuramente non è in grado di descrivere tutte le strutture che incontriamo nel reale, come ad esempio quelle che, come un elastico, possono dare vita a due frammenti perfettamente *separati*.

STUDENTE. È possibile nondimeno descrivere queste altre strutture?

---

[4] Questa e la prossima sezione potrebbero risultare un po' più ostiche da comprendere per quei lettori che sono totalmente a digiuno di fisica. Il consiglio è di continuare comunque nella lettura, seguendo il senso generale della discussione, senza troppo preoccuparsi del significato specifico di alcuni termini tecnici.

INSEGNANTE. Certamente, sebbene si tratti di un campo che è a tutt'oggi oggetto di studio. Queste strutture più generali sono dette *quantum-like*, cioè *simil-quantistiche*. Non sono puramente classiche, né puramente quantistiche, ma formano una sorta di quadro intermediario, di natura più generale. Si tratta però di argomenti piuttosto tecnici da discutere, che ci allontanerebbero troppo dal tema centrale della nostra conversazione.

STUDENTE. Se capisco bene, la funzione d'onda sarebbe l'oggetto adatto per descrivere unicamente le entità quantistiche pure, come ad esempio le particelle elementari, come gli elettroni.

INSEGNANTE. Esattamente, e per tali entità puoi vantaggiosamente usare la funzione d'onda per determinare, ad esempio, la probabilità di trovare un elettrone in una determinata regione dello spazio.

STUDENTE. Ma allora, che cos'è realmente la funzione d'onda? Possiamo dire che essa esprime la nostra migliore conoscenza circa le posizioni possibilmente occupate dall'entità elettrone?

## NON LOCALITÀ

INSEGNANTE. Sicuramente no. La funzione d'onda non rappresenta la nostra conoscenza circa le possibili posizioni dell'elettrone, ma più esattamente lo stato stesso dell'elettrone.

STUDENTE. Ma dal momento che la funzione d'onda ci dà le probabilità di trovare l'elettrone nelle differenti regioni dello spazio, non significa questo che essa esprime, in modo matematicamente preciso, la nostra conoscenza su dove la particella si trovi?

INSEGNANTE. Se questo fosse vero, significherebbe che acquisendo maggiori conoscenze saremmo in grado di dire esattamente dove si trovi l'elettrone, ancora prima di verificare la sua posizione tramite una misurazione concreta. Ma questo non siamo in grado di farlo: non c'è una conoscenza supplementare che possiamo acquisire circa lo stato dell'elettrone, in aggiunta a quella contenuta nella sua funzione d'onda quantistica.

STUDENTE. Vuoi dire che non posso conoscere in anticipo dove l'elettrone si trovi, ma solo tentare di localizzarlo tramite un esperimento?

INSEGNANTE. Sì, così come non puoi sapere in anticipo se un elastico è mancino o meno.

STUDENTE. Stai forse dicendo che prima dell'esperimento di misurazione l'elettrone non possiede una specifica posizione nello spazio?

INSEGNANTE. Esattamente. Avere una posizione, o più generalmente essere localizzati in una determinata regione dello spazio, è una proprietà. Per esempio, puoi considerare una scatola vuota e chiederti: si trova l'elettrone nella scatola? Beninteso, per rendere questa domanda operazionale, devi concepire e disporre di un apparato misuratore adeguato, sufficientemente sensibile da rilevare la presenza dell'elettrone nella scatola. Quindi, puoi verificare se sei in grado di predire con certezza se l'elettrone si trova o non si trova nella scatola, prima di attuare la misura. L'esperienza ti dirà che a parte alcune circostanze particolari, predizioni di questo tipo sono del tutto impossibili, e che il meglio che riuscirai a fare è formulare delle predizioni di tipo probabilistico. In altri termini, gli esperimenti ti mostreranno che le entità microscopiche come gli elettroni sono di tipo *non locale*.

STUDENTE. Questo vorrebbe dire che gli elettroni sono più come delle onde, diffuse nello spazio?

INSEGNANTE. È un'immagine comune, che però è fuorviante, poiché si tratta di onde matematiche, e non fisiche, che danno le probabilità (a dire il vero le ampiezze di probabilità) di trovare l'elettrone nelle diverse regioni spaziali. Questo potrebbe lasciar pensare che l'elettrone sia da qualche parte nello spazio, ma in un luogo che possiamo solo scoprire quando cerchiamo di rilevarlo. Questo tipo di ragionamento è però errato, poiché la proprietà di "essere da qualche parte nello spazio" non è in generale una proprietà attuale di un elettrone, e questo non a causa di una nostra mancanza di conoscenza del suo specifico stato.

STUDENTE. Vuoi dire che la proprietà di "essere da qualche parte nello spazio" non esiste prima che io cerchi di rilevare l'elettrone, poiché tale proprietà verrebbe creata nel corso dell'esperimento osservativo?

INSEGNANTE. Questo è il punto. La posizione spaziale dell'elettrone viene letteralmente creata nel corso del suo processo di rilevazione, il che significa che prima di tale processo l'elettrone non era presente nello spazio!

STUDENTE. E dove si trovava?

INSEGNANTE. Al di fuori di quella dimensione che solitamente definiamo *spazio fisico*, sebbene certamente non molto lontano da essa.

STUDENTE. Voi dire con questo che un elettrone sarebbe un'entità multidimensionale?

INSEGNANTE. Credo sia una conclusione inevitabile, sebbene non sia in grado di determinare in quale tipo di dimensione un elettrone solitamente soggiorni, quando non si manifesta nello spazio fisico.

STUDENTE. È difficile immaginare il comportamento di un'entità così evanescente.

INSEGNANTE. Sono d'accordo, ma considera l'esempio dell'entità denominata "lingua italiana". Dov'è localizzata solitamente questa entità? Possiamo certamente dire che la "lingua italiana" è sempre presente nella dimensione mentale, ma cosa possiamo dire della sua presenza nel nostro spazio fisico tridimensionale?

STUDENTE. Credo di capire cosa vuoi dire: se nessuno parla, e se tutti gli scritti in lingua italiana venissero distrutti da uno scienziato pazzo, in tal caso l'entità lingua-italiana, indubbiamente, smetterebbe di essere localizzata nel nostro spazio fisico.

INSEGNANTE. Esattamente. Ma non appena uno strumento rilevatore denominato "essere umano intrafisico italiano" pronuncia o scrive una parola in italiano, qualcosa di magico accade: una localizzazione spaziale per l'entità "lingua italiana" viene di colpo posta in essere, similmente a come una localizzazione spaziale per un elettrone viene di colpo creata da uno strumento di misura.

STUDENTE. È sorprendente. Quindi la cosiddetta non località quantistica non va intesa come fenomeno di delocalizzazione, ma come la manifestazione di un'*assenza di spazialità*.

INSEGNANTE. Sì, strettamente parlando un elettrone non è un'entità non locale, nel senso di un oggetto che sarebbe spazialmente esteso, come è il caso ad esempio di un'onda. Infatti, sebbene le onde fisiche, come quelle sonore, possano diffondersi in tutto lo spazio, e quindi delocalizzarsi, restano nondimeno delle realtà localizzate all'interno dello spazio. Ma la funzione d'onda che descrive un elettrone non è un'onda fisico-materiale: è unicamente un ente matematico che descrive lo stato dell'entità elettronica, a partire dal quale è possibile dedurre le probabilità di "catturarla" in una specifica regione dello spazio, per mezzo di uno strumento rilevatore.

STUDENTE. Ho letto che in numerosi esperimenti i fisici sono riusciti a dimostrare che una particella, sia essa massiva come un elettrone o un neutrone, o non-massiva come un fotone, può realmente comportarsi come un'entità spaziale delocalizzata, nel senso di essere simultaneamente presente in regioni spaziali distinte, che possono anche essere separate da svariati chilometri.

INSEGNANTE. Hai ragioni, questi esperimenti sono stati realmente effettuati, e con successo. Ma la tua interpretazione non è interamente corretta. Quando le entità microscopiche vengono rilevate, ciò avviene sempre e unicamente in un unico luogo. Nel senso che non sono entità ubiquitarie, che sarebbe possibile rilevare simultaneamente in diversi luoghi. Altrimenti, da un singolo elettrone si potrebbe ottenere una quantità arbitraria di elettroni, violando in questo modo la legge di conservazione della massa-energia. In altre parole, non possiamo dire che un elettrone sia simultaneamente bilocato in due differenti regioni spaziali. Tutto quello che possiamo dire è che un elettrone è in grado di possedere, nello stesso istante, una probabilità diversa da zero di essere trascinato all'interno di due regioni distanti e separate dello spazio.

STUDENTE. Ma questo non è sorprendente: anch'io sono potenzialmente presente in diversi luoghi allo stesso istante. Infatti, in questo momento la proprietà di "essere in questo tearoom" è una proprietà attuale per me, e conseguentemente la proprietà, per esempio, di "essere a casa mia", è una proprietà potenziale. Cosa distinguerebbe la potenzialità del mio corpo macroscopico da quella di un'entità microscopica?

INSEGNANTE. C'è un'enorme differenza. Il tuo corpo, la tua entità S, è un'entità macroscopica *permanentemente localizzata* nello spazio. Ora, essendo che l'entità S è già localizzata nello spazio, non può essere simultaneamente localizzata in qualche altro luogo. In altre parole, la probabilità che la tua entità S si trovi in un altro luogo, rispetto a dove si trova ora, in questo momento, è identica a zero.[5]

STUDENTE. Per quale ragione la situazione sarebbe differente per un'entità microscopica come un elettrone?

INSEGNANTE. Perché l'elettrone, per la maggior parte del suo tempo, quando non integrato in una struttura macroscopica, non si trova all'interno dello spazio. Pertanto, possiede una probabilità (o disponibilità) diversa da zero di manifestarsi in diversi luoghi, nel medesimo istante.

---

[5] Si potrebbe ritenere che il controverso fenomeno della *parateleportazione umana*, che consiste nella smaterializzazione e rimaterializzazione di una coscienza intrafisica, in un luogo anche distante numerosi chilometri, contraddica questa affermazione. A parte il fatto che la parateleportazione, se reale, sarebbe la conseguenza di leggi parafisiche ancora sconosciute, per quanto ci è dato di sapere il processo non sarebbe comunque istantaneo, ma richiederebbe un certo tempo, per quanto breve, per espletarsi [S, 2013].

STUDENTE. Ok, ora credo di capire: se sono al di fuori di una piscina, posso potenzialmente tuffarmi in ogni direzione, e immergermi in ogni luogo della stessa, mentre se sto già nuotando al suo interno, possiedo già una posizione specifica nell'acqua, e posso solo nuotare a partire da quella posizione per acquisirne una nuova, passando attraverso tutte le posizioni intermedie.

INSEGNANTE. È una metafora piuttosto calzante.

## SPAZIO

STUDENTE. Sarà anche calzante, ma non mi aiuta a comprendere lo strano comportamento di un'entità che passerebbe la maggior parte del suo tempo fuori dallo spazio, pur essendo fortemente influenzata da tutto ciò che in esso accade.

INSEGNANTE. Capisco cosa vuoi dire. Lo spazio fisico, e questo "spazio altro" dove le entità elementari solitamente risiedono, devono essere, in un certo senso, sovrapposti uno all'altro, nel senso che sono realtà che si compenetrano.

STUDENTE. Mi chiedevo: che cos'è uno spazio in fin dei conti?

INSEGNANTE. Unicamente una dimensione nella quale proprietà comuni possono stabilire relazioni specifiche. Oppure, se preferisci, uno spazio è una sostanza formata da entità che possono relazionarsi in modo specifico.

STUDENTE. Mi stai forse dicendo che sarebbero le entità che interagiscono in uno spazio a formare lo spazio stesso, che sarebbe quindi una specie di sostanza fatta di quelle stesse entità interagenti?

INSEGNANTE. Precisamente. Ma devi qui intendere il concetto di *sostanza* in senso molto ampio. *Albert Einstein* usava dire che sono le sostanze a definire le relazioni, mentre *Niels Bohr* affermava che era vero piuttosto l'incontrario, cioè che sono le relazioni a definire le sostanze. Probabilmente entrambe queste prospettive sono corrette: entità fatte di sostanze simili possono interagire assieme, e di conseguenza creare relazioni, ma altresì, grazie alle proprietà relazionali che sono in grado di attuare, le entità interagenti sono precisamente quei costituenti in grado di dare vita a una sostanza emergente.

STUDENTE. Capisco, a dipendenza delle proprietà che possiedono e delle relazioni che sono in grado di stabilire, generano una dimensione piuttosto che un'altra.

INSEGNANTE. Esattamente, per esempio, potremmo dire che lo spazio fisico è quella dimensione, o sostanza, formata da tutte quelle entità che, tra le altre cose, possiedono la proprietà di essere *locali*, nel senso di formare una sorta di *tutto* che non può essere separato in parti distinti, senza perdere la loro identità specifica [A, 1990].

STUDENTE. Non sono sicuro di comprendere cosa intendi dire con questo.

INSEGNANTE. Intendo che il nostro spazio fisico, come siamo abituati a percepirlo, può essere compreso come una dimensione formata da entità che possiedono la proprietà di *interezza macroscopica*. Questo significa che se un'entità è simultaneamente presente in due diverse regioni dello spazio, macroscopicamente separate, allora deve essere necessariamente presente anche tra queste due regioni. Perché se così non fosse, significherebbe che l'entità sarebbe formata da due frammenti spazialmente separati, e pertanto non costituirebbe un tutto compatto interconnesso. In altri termini, l'entità non sarebbe un'entità, ma due diverse entità separate.

STUDENTE. Invece, essendo che un elettrone è in grado di separarsi in frammenti separati senza perdere la sua interconnessione, questo spiegherebbe perché in generale non possa soggiornare permanentemente nello spazio, ho capito bene?

INSEGNANTE. Esattamente. È solo quando tutti i suoi frammenti, apparentemente separati da un punto di vista spaziale, si ricombinano in un unico elemento, quando l'elettrone viene catturato da uno strumento di rilevazione macroscopico, che questo può temporaneamente entrare a far parte dello spazio fisico.

STUDENTE. Un'entità che può essere rotta in parti separate senza perdere la sua integrità… è difficile da immaginare.

INSEGNANTE. Non necessariamente. Considera un biglietto da *10* euri, e strappalo a metà, quindi inserisci le due metà del biglietto in due scatole spazialmente separate e chiediti: dove si trovano i *10* euri ora? A rigor di logica, non possiamo più dire che in ogni scatola vi siano *10* euri, ma tutt'al più *10* euri potenziali. In altre parole, i *10* euri sono spariti dal nostro spazio fisico. D'altra parte, quando ricombini il contenuto delle due scatole, per mezzo di un esperimento adeguato – di incollaggio – una localizzazione spaziale per i 10 euri viene nuovamente ricreata.[6]

STUDENTE. Un esempio davvero azzeccato! Ma dimmi: non credi che le dimensioni fisiche ed extrafisiche siano anch'esse, in un certo senso, tutte presenti contemporaneamente, e che sia unicamente il nostro modo di selezionare solo una parte del reale a creare l'impressione di trovarci all'interno di determinate dimensioni, piuttosto che di altre? Voglio dire, se dal nostro campo percettivo filtriamo tutte le entità non-locali, otteniamo lo spazio fisico e la cosiddetta dimensione fisica macroscopica; d'altra parte, se filtriamo le entità locali, accediamo a delle dimensioni altre, che forse altro non sono che la dimensione *mentale*. E forse si potrebbe speculare che quella dimensione *extrafisica* che è situata da qualche parte tra quella fisica e quella mentale, sia una sorta di realtà intermedia, ibrida, nella quale le entità non sarebbero né completamente locali né completamente non-locali.

INSEGNANTE. Un'ipotesi affascinante. La coscienza, in tal senso, "costruirebbe" le diverse dimensioni fisico-esistenziali tramite un meccanismo di filtraggio operato dai suoi diversi veicoli di manifestazione. Ma cosa ne dici se ora torniamo alla nostra precedente discussione circa la questione del

---

[6] Questo era uno degli esempi favorite da *Constantin Piron*, quando insegnava il suo famoso *corso di meccanica quantistica* a Ginevra, di cui ero l'assistente [P, 1990].

determinismo, che non abbiamo ancora completato.

STUDENTE. Certamente, a quali conclusioni eravamo giunti?

## IMPREVEDIBILITÀ

INSEGNANTE. Avevamo concluso che la meccanica quantistica non ha dimostrato l'esistenza di alcuna forma intrinseca, o ontologica, di indeterminismo. Quello che la meccanica quantistica ci insegna è che non solo la nostra conoscenza dello stato di un'entità è importante per formulare delle previsioni accurate, ma anche la nostra conoscenza di come le fluttuazioni potenzialmente presenti nell'apparato sperimentale (il contesto) incidono sull'entità, tramite la *creazione di nuovi elementi di realtà*. Pertanto, non vi è alcuna incompatibilità tra la meccanica quantistica e l'ipotesi del determinismo, dal momento che le probabilità che appaiono nelle teorie quantistiche possono essere comprese nei termini della nostra ignoranza circa l'interazione che verrà attuata tra l'entità e l'apparato sperimentale. Pertanto, analogamente alle probabilità classiche, sono anch'esse di natura epistemica.

STUDENTE. Stai forse dicendo che, se non altro in linea di principio, il mondo sarebbe completamente deterministico?

INSEGNANTE. Quello che sto dicendo è che le moderne teorie fisiche, come la meccanica quantistica, non hanno dimostrato fino a oggi la presenza di qualsivoglia forma di indeterminismo irriducibile nella nostra realtà fisica. Naturalmente, in termini pratici siamo costantemente confrontati a situazioni di mancanza di conoscenza, e pertanto l'indeterminismo è sempre presente nel nostro modo pratico di sperimentare il reale. Ma resta nondimeno un indeterminismo di natura epistemica: acquisendo maggiore conoscenza e una migliore capacità di controllo, in parte potrebbe essere eliminato.[7]

---

[7] È importante qui menzionare una difficoltà che non fu esplorata nel corso di questo dialogo: l'assunzione di un maggiore controllo, in de-

STUDENTE. E qual è la tua posizione personale? Credi che nella realtà sia presente un certo livello di indeterminismo di tipo ontologico?

INSEGNANTE. Secondo la mia attuale comprensione della realtà, credo che la risposta sia affermativa. Ma credo anche che questo sia dovuto unicamente al fatto che gli esseri-coscienza partecipano anch'essi alla costruzione del reale.

STUDENTE. Vorresti dire che le coscienze sarebbero intrinsecamente imprevedibili?

INSEGNANTE. Sì e no. La maggior parte coscienze sono molto prevedibili, soprattutto se il loro livello evolutivo non è molto elevato. Come sai, le coscienze non molto evolute (sia intrafisiche che extrafisiche) manifestano una grande quantità di comportamenti robotici durante la loro esistenza. E questi comportamenti robotici, meccanici, non sono molto difficili da prevedere, se si conosce a sufficienza la natura umana, o sub-umana. Ma più una coscienza progredisce e più è in grado di accedere e utilizzare il suo attributo fondamentale del *libero arbitrio*, che è la sua capacità di operare delle *libere scelte*, e di agirle. Se si accetta l'ipotesi che la scelta sia una proprietà intrinseca, un attributo dell'essere-coscienza, allora si deve anche accettare che la realtà, in cui le coscienze si manifestano, sia presente un certo livello di indeterminismo ontologico.

STUDENTE. Perché non possiamo prevedere, in una data situazione, quale sarà la scelta di una coscienza?

INSEGNANTE. Se la scelta esiste, e se non è una mera illusione, allora deve essere per definizione libera; quindi, a un certo

---

terminati ambiti sperimentali, può alterare drasticamente la natura della proprietà osservata. Questo perché la maggior parte delle proprietà fisiche sono definite in termini operazionali, nel senso che la loro osservazione è associata all'esecuzione di un determinato protocollo sperimentale. Se l'assunzione di un maggiore controllo produce l'alterazione di tale protocollo, allora pur eliminando l'indeterminismo il risultato è che non si starà più osservando la medesima proprietà. Per un approfondimento di questo aspetto, vedi: [S, 2013a,b], [S, 2014].

livello, sarà completamente imprevedibile. E questo significa anche che la scelta non potrà mai essere spiegata (nel senso riduzionista del termine) tramite le leggi fisiche attualmente note, o da quelle extrafisiche.

STUDENTE. Quindi, in base a quello che mi stai dicendo, più una coscienza è evoluta e più si sarà liberata dai comportamenti robotico-meccanici, e tanto più potrà manifestare la sua capacità ad operare delle scelte libere, ed eseguirle. E poiché, per definizione, le vere scelte sono incondizionate, la traiettoria evolutiva di una coscienza sufficientemente progredita sarà forzatamente del tutto imprevedibile, nel senso di non determinabile sulla base delle leggi fisiche ed extrafisiche esistenti.

INSEGNANTE. Giusto. Ma vorrei anche sottolineare che più una coscienza avanza sul suo cammino evolutivo e più al contempo diventa prevedibile.

STUDENTE. Mi sembra che adesso ti stai contraddicendo.

INSEGNANTE. Non proprio. Quello che voglio dire è che imprevedibilità non rima necessariamente irrazionalità, o insensatezza. Quando una coscienza evoluta esprime il suo libero arbitrio, la sua imprevedibilità non è dovuta a una perdita di coerenza e logica nel suo modo di comportarsi. Al contrario, più una coscienza progredisce e più manifesterà razionalità, logica e coerenza. Di conseguenza, il suo comportamento diventerà sempre più significativo, quindi comprensibile, e di conseguenza in parte prevedibile, essendo pienamente determinato da ciò che la coscienza è davvero, al suo più alto livello di realtà.

STUDENTE. Un interessante paradosso evolutivo!

INSEGNANTE. Sì, ma naturalmente il paradosso è solo apparente. Forse il modo migliore per comprendere l'imprevedibilità insita in ogni coscienza è nei termini della sua abilità intrinseca e fondamentale di produrre degli atti *puramente creativi*.

STUDENTE. Riassumendo il tuo ragionamento, dal momento che la realtà sarebbe formata anche da coscienze, e dal momento che possiamo ragionevolmente ipotizzare che le coscienze possiedono il libero arbitrio, a un determinato livello, molto profondo, la realtà sarebbe puramente imprevedibile, poiché puramente creativa.

INSEGNANTE. Sì, ben detto. In termini generali non possiamo pretendere di sapere tutto su ogni entità che si manifesta nel reale. Questo dovrebbe essere chiaro considerando che siamo coscienze in evoluzione e che il nostro processo evolutivo può essere inteso anche come un processo di crescita nella conoscenza. Ciò significa che, nella misura in cui ci evolviamo, diveniamo sempre più capaci ed efficienti nel prevedere il comportamento futuro delle diverse entità, inclusi noi stessi. Ma allo stesso tempo, diveniamo anche sempre più creativi, e scopriamo che vi sono interi strati del reale che sono perfettamente imprevedibili, sebbene del tutto intelligibili. Questo significa anche che se il libero arbitrio è davvero una proprietà intrinseca che definisce l'identità centrale delle coscienze, a rigor di logica la loro evoluzione non potrà essere predeterminata, nemmeno da un essere onnisciente. Ma vorrei anche sottolineare che libero arbitrio e imprevedibilità sono due concetti molto differenti. Il primo implica il secondo, ma non l'inverso. Poiché l'attributo del nostro libero arbitrio è anche legato alla nostra capacità di determinare autonomamente il nostro futuro personale, chi siamo e chi vogliamo diventare, indipendentemente dai condizionamenti esterni ricevuti e da influenze di ogni tipo.

STUDENTE. Vorresti dire che il libero arbitrio sarebbe anche sinonimo di *autodeterminazione*?

INSEGNANTE. Forse non un sinonimo, ma i due concetti sono certamente fortemente correlati. Quello che è comunque chiaro è che un comportamento imprevedibile non può essere una condizione sufficiente per la nostra autodeterminazione.

STUDENTE. Capisco bene cosa vuoi dire.

INSEGNANTE. Vorrei ora chiederti una cosa. A seguito di ciò che abbiamo appena discusso, pensi che l'esito di un qualsivoglia test sperimentale sia in generale qualcosa di certo in anticipo, oppure no?

STUDENTE. Certo che no. Se ricordo bene, solo quando una proprietà è attuale, il risultato di una sua osservazione sperimentale può essere conosciuto con certezza in anticipo, se non altro in linea di principio.

## PREDETERMINAZIONE

INSEGNANTE. Sì, ma questo non è esattamente quello che ti sto chiedendo. Non pretendo che tu conosca la risposta in anticipo, che potrebbe essere sia affermativa che negativa. Ciò che ti sto chiedendo è se l'esito del test, affermativo o negativo che sia, sia *certo priori*.

STUDENTE. Mi stai forse chiedendo se credo che l'esito sia *predeterminato*, sebbene io potrei non avere sufficienti conoscenze a riguardo per predirlo?

INSEGNANTE. Esattamente.

STUDENTE. Ebbene, dal momento che, come abbiamo discusso, gli esseri-coscienza partecipano al reale, e possiamo ragionevolmente supporre che siano in grado di manifestare, in modo del tutto imprevedibile, le loro libere scelte, la risposta dovrebbe essere negativa.

INSEGNANTE. Logicamente corretto. Ma cosa mi dici se l'entità in questione non è legata, in nessun modo diretto ed evidente, a una coscienza. Che cosa succede se l'entità è ad esempio uno degli elastici del tuo ipotetico sacchetto.

STUDENTE. Hm... allora, in questo caso, direi che il risultato dovrebbe essere in qualche modo predeterminato, anche se potrei non sapere in anticipo quale sarà questo risultato, a causa della mia condizione di mancanza di conoscenza.

INSEGNANTE. Sì, come abbiamo già discusso, dobbiamo distinguere tra due diversi tipi di mancanza di conoscenza. Il primo è legato alla nostra conoscenza, possibilmente incompleta, dello stato dell'entità, mentre il secondo, più sottile e difficile da superare, è legato alla nostra ignoranza circa le interazioni specifiche che sono in grado di attuarsi tra l'entità e il suo contesto. Ogni volta che ci troviamo in una di queste due situazioni di mancanza di conoscenza, o in entrambe, non siamo in grado di prevedere con certezza l'esito di un esperimento. Tuttavia, sembra ragionevole ritenere, secondo il principio del determinismo, che almeno per delle entità semplici come un elastico, il risultato dell'esperimento, positivo o negativo che sia, debba essere determinato a priori.[8]

STUDENTE. Sì, questo mi è chiaro.

INSEGNANTE. Bene. Vediamo se ti è davvero così chiaro come pensi. Permettimi di prendere in considerazione due diverse proprietà degli elastici. La prima è quella di "essere rompibili". Sei d'accordo che questa sia una proprietà attuale degli elastici?

STUDENTE. Sì, perché so in anticipo che, se dovessi decidere di eseguire il test che consiste nel tirare con forza l'elastico con le mie due mani, riuscirei con certezza a romperlo, e quindi la risposta affermativa sarebbe garantita.

INSEGNANTE. E cosa mi dici della proprietà dei tuoi elastici di "essere bruciabili"?

STUDENTE. Ebbene, se definisco tale proprietà usando il tuo test del forno crematorio, anche in tal caso, senza ombra di dubbio, posso affermare che la proprietà di "essere bruciabile" sia una proprietà attuale di ogni elastico del mio sacchetto.


## PROPRIETÀ INCONTRO


INSEGNANTE. Di conseguenza, sei d'accordo che sono autorizzato ad affermare che i tuoi elastici possiedono anche la proprietà di essere al contempo "rompibili *e* bruciabili"?

---

[8] Supponendo ad esempio che il test sia effettuato da un apparato puramente meccanico, automatico e facilmente controllabile, anziché da un'imprevedibile coscienza umana.

STUDENTE. Ovviamente.

INSEGNANTE. Dimmi, come puoi esserne così certo?

STUDENTE. Ne sono certo perché se realizzassi i test corrispondenti, la risposta affermativa sarebbe certa.

INSEGNANTE. E quale sarebbe il tuo progetto sperimentale per testare la proprietà di essere "rompibile *e* bruciabile"?

STUDENTE. Ebbene, devo solo testare entrambe le proprietà, e ottenere ogni volta un esito positivo.

INSEGNANTE. Allora forza, prova.

STUDENTE. ...

INSEGNANTE. Cosa succede?

STUDENTE. Ho un problema. Se brucio l'elastico allora non sarà più rompibile, in quanto un elastico bruciato non è più un elastico che io possa strappare. E allo stesso modo, se rompo l'elastico, e ottengo così due o più frammenti di elastico, in un certo senso l'entità è già stata disintegrata, e non sono così certo di poter adeguatamente applicare il test associato alla proprietà di essere bruciabile. Hm...

INSEGNANTE. Sì, hai appena scoperto che le due proprietà, per come le abbiamo operazionalmente definite, *non sono sperimentalmente compatibili.*

STUDENTE. Sono confuso. Vorresti dirmi che un elastico non possiede la proprietà di essere "rompibile *e* bruciabile"?

INSEGNANTE. Come potremmo affermare qualcosa di simile? Sappiamo tutti che gli elastici sono simultaneamente in possesso di entrambe queste proprietà. Non c'è nessun dubbio a riguardo.

STUDENTE. A questo punto sono io a chiederti: come puoi esserne così sicuro?

INSEGNANTE. Perché se decidessi di effettuare il test corrispondente, un esito affermativo sarebbe certo.

STUDENTE. E quale sarebbe questo tuo magico test?

INSEGNANTE. Quando affermo che un'entità possiede contemporaneamente due proprietà, ciò significa che entrambe le proprietà sono contemporaneamente reali. Quindi, se decidessi di testare una di queste due proprietà, l'esito positivo sarebbe certo. Quello che è importante capire è che non c'è bisogno di eseguire in termini pratici entrambi i test. È sufficiente eseguirne uno solo, purché scelto in modo del tutto *imprevedibile*.

STUDENTE. Ma questo significherebbe che stai testando una sola proprietà, e non entrambe.

INSEGNANTE. No, in realtà vengono testate entrambe. Permettimi di essere più esplicito. Consideriamo due proprietà generiche, $a$ e $b$, e i loro corrispondenti test sperimentali, che denoteremo $\alpha$ e $\beta$, rispettivamente. Ad esempio, possiamo pensare ad $a$ e $b$ come alle proprietà di "essere rompibile" ed "essere bruciabile", o a qualsiasi altra proprietà. Il problema è il seguente: come possiamo concepire un test per la proprietà $c =$ "$a$ e $b$"? Denotiamo $\chi$ questo test, associato alla proprietà $c$. Come possiamo definire $\chi$ a partire dai test individuali $\alpha$ e $\beta$ (o da altri test equivalenti)? La risposta è molto semplice: l'apparato di misura associato al test $\chi$ corrisponde ai due apparati associati ai test $\alpha$ e $\beta$, e la procedura sperimentale consiste nello scegliere uno dei due test, $\alpha$ o $\beta$, in modo *non prevedibile*, e quindi eseguirlo. Dopodiché, l'esito ottenuto viene attribuito a $\chi$.

STUDENTE. Secondo me in questo modo si testa una sola delle due proprietà, e non entrambe.

INSEGNANTE. Dimmi allora: qual è l'unica situazione in grado di garantire che, se eseguiamo il test $\chi$ come appena definito, la risposta affermativa sarebbe certa?

STUDENTE. Fammi riflettere… dal momento che uno dei due test viene scelto in modo non predeterminabile, se vogliamo essere certi che l'esito sia affermativo, allora, necessariamente, sia $a$ che $b$ dovranno essere entrambe delle proprietà attuali. Un momento, ma allora questo significa che $\chi$, di fatto, testa simultaneamente entrambe le proprietà, sia *a* che *b*!

INSEGNANTE. Esattamente. Vedi come è semplice, e allo stesso sottile, questo punto? Per tua conoscenza, un test composito come $\chi$, in grado di testare simultaneamente le due proprietà *a* e *b*, è denominato *test prodotto* di $\alpha$ e $\beta$, e viene denotato $\chi = \alpha \cdot \beta$. La corrispondente proprietà composita "*a* e *b*" è invece denominata *proprietà incontro* di *a* e *b*. Ma permettimi ora di tornare alla mia domanda: pensi ancora che l'esito di un test sia sempre, in generale, predeterminato?

STUDENTE. Ora capisco dove volevi arrivare con tutto questo. Se stiamo testando una *proprietà incontro* "*a* e *b*", allora, necessariamente, il corrispondente test sperimentale sarà un *test prodotto* $\alpha \cdot \beta$. E dal momento che un test prodotto comporta un atto di *scelta*, che per definizione è impredicibile, anche il risultato del test avrà un livello intrinseco di imprevedibilità. Di conseguenza, ammetto di essermi sbagliato: anche nel caso di semplici entità macroscopiche, come ad esempio un elastico, è sempre possibile considerare delle proprietà i cui test manifesteranno un certo grado di imprevedibilità, indipendentemente dalla nostra conoscenza dello stato dell'entità in questione.

INSEGNANTE. Esattamente. Naturalmente, non tutte le proprietà incontro sono associate a dei test il cui esito è imprevedibile. Nel caso ad esempio in cui *a* e *b* corrispondono alle proprietà di "essere rompibile" ed "essere bruciabile", che sono entrambe proprietà attuali di un elastico, ovviamente anche la proprietà incontro di "essere rompibile" e bruciabile" sarà una proprietà attuale, in quanto l'esito del test prodotto ad essa associato non dipenderà dalla scelta di eseguire il test $\alpha$ o il test $\beta$. D'altra parte, se consideriamo, invece della proprietà *a* = "essere rompibile", la proprietà $\bar{a}$ = "essere indistruttibile", definita dal *test inverso* $\bar{\alpha}$, ottenuto scambiando i termini dell'alternativa (l'esito positive/negativo di $\alpha$ corrisponde all'esito negativo/positivo di $\bar{\alpha}$), allora la proprietà incontro "$\bar{a}$ e *b*", definita dal test prodotto $\chi = \bar{\alpha} \cdot \beta$, non sarà più una proprietà attuale, il cui esito può essere determinato a priori. Infatti, se l'esecuzione di $\underline{\beta}$ produce a colpo sicuro un esito positivo, l'esecuzione di $\overline{\alpha}$ produce a colpo sicuro un esito negativo, cosicché l'esito di $\chi = \overline{\alpha} \cdot \underline{\beta}$ non può essere stabilito in anticipo. Il punto importante da comprendere è che solo quando sia l'entità che la sua interazione con l'apparto di misura sono definiti a priori, il principio del determinismo può applicarsi (sempreché, naturalmente, l'entità in questione non sia a sua volta una coscienza capace di operare delle libere scelte). D'altra parte, nella situazione generale in cui testiamo una proprietà incontro del tipo "*a e b*", il principio del determinismo non ci permette di concludere, in quanto lo strumento di misura non è dato a priori. Infatti, secondo il protocollo sperimentale, questo dipenderà a sua volta da una variabile aleatoria che non è possibile conoscere in anticipo (in quanto un test ben fatto, secondo la definizione operazionale di una proprietà prodotto, richiede che tale variabile non sia controllabile dallo sperimentatore).

## LIBERA SCELTA

STUDENTE. Credo di capire. Dal momento che la scelta di quale test eseguire, per definizione stessa di un test prodotto, non può e non deve essere stabilita in anticipo, non solo siamo in una situazione di mancanza di conoscenza, ma addirittura di impossibilità di conoscenza.

INSEGNANTE. Sì, e questa è una conseguenza diretta del modo in cui noi coscienze attribuiamo delle proprietà alle diverse entità.

STUDENTE. Che intendi dire?

INSEGNANTE. Come sai, il modo in cui noi costruiamo il reale fa sì che un'entità sia in grado di possedere più di una sola proprietà.

STUDENTE. Certamente, possiamo assegnare un numero arbitrario di proprietà a un'entità, *contemporaneamente*.

INSEGNANTE. Precisamente, come ad esempio il tuo soma, che è al contempo bruciabile e più alto di *1,5* metri. Tra l'altro, ricordi qual è la definizione dello stato di un'entità?

STUDENTE. Lo stato di un'entità corrisponde all'insieme di tutte le sue proprietà attuali.

INSEGNANTE. Giusto. Denotiamo *a, b, c,...* tutte queste proprietà che caratterizzano lo stato *s* di un'entità, a un dato istante. Sei d'accordo se affermo che, quando l'entità in questione si trova nello stato *s*, allora la *proprietà incontro* "*a* e *b* e *c*..." è a sua volta una proprietà attuale dell'entità?

STUDENTE. Intendi dire la proprietà di possedere in senso attuale del termine tutte le proprietà individuali *a*, *b*, *c*, contemporaneamente, così come definita da un *test prodotto* di tipo $\alpha \cdot \beta \cdot \chi \cdots$?

INSEGNANTE. Sì, esattamente quella proprietà.

STUDENTE. In tal caso sì, considerando la nostra precedente discussione, per definizione la proprietà incontro "*a* e *b* e *c*..." è certamente attuale se l'entità è nello stato *s*. E ora che lo sto dicendo, mi accorgo che deve trattarsi della proprietà più forte che l'entità è in grado di possedere, quando nello stato *s*.

INSEGNANTE. È proprio così: la proprietà "*a* e *b* e *c*..." è precisamente ciò che abbiamo definito essere una *proprietà atomica* dell'entità, che caratterizza in modo completo il suo stato, e viceversa.

STUDENTE. Ora capisco perché in precedenza hai affermato che le proprietà atomiche sono altresì dette *proprietà-stato*, e che ogni proprietà atomica è in una corrispondenza biunivoca con uno degli stati dell'entità.

INSEGNANTE. Sì, una proprietà atomica caratterizza in modo completo lo stato di un'entità, nel senso che un'entità *è* in un determinato stato se e solo se *ha* una determinata proprietà atomica.

STUDENTE. Un altro modo per dire che siamo ciò che abbiamo.

INSEGNANTE. Oppure che abbiamo ciò che siamo... Ma tutt'a un tratto mi sembri pensieroso.

STUDENTE. Stavo pensando, se lo stato di un'entità, a un determinato istante, è interamente caratterizzato da una delle sue proprietà atomiche, formata dall'incontro di tutte le proprietà che in quel momento sono attuali, allora, se volessi testare lo stato di un'entità, dovrei realizzare un test prodotto, e questo significa che dovrei *scegliere*, in modo non predeterminabile, quale test eseguire di quel test prodotto. Questo significa che i concetti base delle "scienze dure", come il concetto di "stato", "proprietà" e "test sperimentale", sono intimamente legati al concetto di *scelta*, nel senso di scelta non predicibile in anticipo, libera, e ad essere sincero trovo questo assai sorprendente.

INSEGNANTE. Concordo con te. Noi coscienze abbiamo la capacità di attribuire numerose proprietà, contemporaneamente, alle diverse entità che incontriamo nel corso del nostro processo di scoperta del reale. E se vogliamo dare un senso a queste entità, anche in termini operazionali, basando le nostre descrizioni sulle esperienze che possiamo avere con esse, allora la capacità di produrre delle *libere scelte* sembra essere un attributo che è necessario possedere, per poter concepire dei test sperimentali significativi. E concordo con te che l'importanza dell'elemento della scelta, in questo ambito, sia piuttosto inatteso e in un certo senso anche un po' misterioso.


**PRINCIPIO DI HEISENBERG**


STUDENTE. Dimmi, come possiamo comprendere il famoso *principio di indeterminazione di Heisenberg*, alla luce di quello che mi hai appena spiegato? Se ricordo bene, il principio afferma che quanto più precisamente determiniamo la posizione di una particella, a un determinato istante, e tanto minore sarà la precisione con cui potremmo determinare la sua velocità,[9] in

---

[9] In realtà, l'osservabile che interviene nelle famose relazioni di indeterminazione di Heisenberg, in combinazione con la posizione, non è la velocità, bensì la quantità di moto, che in assenza di campi magne-

quel medesimo istante, e viceversa.

INSEGNANTE. Sì, questo è il modo in cui abitualmente il principio viene enunciato. Di fatto, esiste una relazione di tipo indeterminazione per ogni coppia di osservabili che originano da proprietà mutualmente incompatibili, in termini sperimentali, come quelle di cui abbiamo discusso in relazione ai tuoi elastici. Se concordi con quanto abbiamo precedentemente concluso, ossia che molte delle proprietà che solitamente attribuiamo alle entità vengono letteralmente create, o in parte create, nel corso di un processo di misura, allora è chiaro che vi sono anche delle proprietà che vengono distrutte, o parzialmente distrutte, durante un processo di misura. Quando due proprietà sono sperimentalmente incompatibili, significa che quando ne testiamo una, il test osservativo è in grado al contempo di distruggere, o parzialmente distruggere l'altra, e viceversa. E questo è esattamente ciò che avviene quando ad esempio eseguiamo un test per determinare la localizzazione spaziale o la velocità di un'entità elementare come un elettrone.

STUDENTE. Vuoi dire che quando creiamo una posizione spaziale per l'elettrone, per mezzo di uno strumento rilevatore, automaticamente distruggiamo la proprietà di possedere una specifica velocità?

INSEGNANTE. Esattamente, ma devi comprendere che il principio di indeterminazione di Heisenberg risulta dalla combinazione di due ingredienti. Il primo ingrediente è che il principio si riferisce a quelle proprietà che vengono create durante l'esperimento osservativo, come ad esempio la proprietà di avere una posizione spaziale.

STUDENTE. E cosa mi dici a proposito della velocità? Viene anch'essa creata nel corso dell'esperimento?

INSEGNANTE. Assolutamente.

STUDENTE. Ma se l'elettrone non possiede una specifica velocità prima della misura, cioè dell'osservazione, che cosa significa?

---

tici si riduce semplicemente al prodotto della massa dell'entità in questione per la sua velocità.

INSEGNANTE. La cosa non è facile da visualizzare. Però possiamo usare un'analogia con la posizione. Così come esiste uno spazio fisico delle posizioni, che è il nostro spazio fisico euclideo tridimensionale, esiste anche uno spazio tridimensionale delle velocità. Pertanto, un elettrone che non possiede una velocità determinata prima della misura significa, semplicemente, che si trova al di fuori di tale spazio delle velocità.

STUDENTE. È un concetto piuttosto astratto, ma penso di capire. E quale sarebbe il secondo ingrediente?

INSEGNANTE. Il secondo ingrediente, come già menzionato, è che le proprietà che intervengono nel principio di Heisenberg sono sperimentalmente incompatibili, nel senso che maggiore è la precisione con cui creiamo una localizzazione spaziale per un elettrone, e maggiore sarà anche la distruzione della sua velocità, nel senso della sua delocalizzazione nello spazio delle velocità, e viceversa. Questo spiega perché non è possibile creare simultaneamente una localizzazione, sia in termini di posizione che di velocità, per un'entità microscopica, così come non è possibile testare simultaneamente la rompibilità e la bruciabilità di un elastico.

STUDENTE. Tutt'a un tratto il principio di indeterminazione di Heisenberg mi appare da un lato molto meno misterioso, e dall'altro ancora più misterioso.

INSEGNANTE. Difatti, il principio di Heisenberg ci dice molto di più di quello che abbiamo appena delineato. Ad esempio, ci indica che ci sono aspetti della realtà che sono complementari, e che questa complementarietà non può essere evitata. Pertanto, dobbiamo sempre riuscire a combinare e integrare delle prospettive mutualmente incompatibili se vogliamo riuscire a costruire una visione globale della realtà [AAS, 2005]. Ma beninteso, prospettive incompatibili non significa prospettive contraddittorie.

## MORFOPENSENI

STUDENTE. Se non ti dispiace, vorrei ritornare per un momento sul concetto di entità. Mi chiedevo: tu consideri un *pensene* un'entità?

INSEGNANTE. Il concetto di entità è sicuramente strettamente associato a ciò che in coscienziologia viene indicato con il termine di pensene,[10] o più esattamente di *morfopensene*. Infatti, puoi sempre caratterizzare il "morfo" di un morfopensene come un insieme di proprietà: quelle proprietà che, per l'appunto, sono caratteristiche della sua specifica struttura. Alcune di queste proprietà rimarranno stabili nel tempo, e andranno a caratterizzare la sua identità primaria, mentre altre cambieranno nel tempo, a seconda degli stati che tale struttura sarà in grado di assumere, a seconda dei contesti in cui si troverà. Ora, l'idea alla base del concetto di pensene è che ogni morfopensene sia una sorta di triade indivisibile, tale che, almeno in principio, quando descrivi l'insieme delle proprietà che caratterizzano un morfopensene, puoi descrivere un "morfo energetico", definibile in termini unicamente di proprietà energetiche, un "morfo emozionale", definibile in termini unicamente di proprietà emozionali, e un "morfo mentale", associato unicamente a proprietà di tipo mentale. L'ipotesi è che questi tre aspetti di un morfopensene non sono separabili, ma intimamente interconnessi, come se si trattasse delle tre facce di una moneta.

STUDENTE. Non sapevo che le monete avessero tre facce.

INSEGNANTE. Due sono piane, mentre la terza è la faccia curva, che unisce le due facce piane.

STUDENTE. In effetti, anche quella è una faccia della moneta, non lo avevo mai notato. Quindi, un morfopensene è un'entità

---

[10] Il concetto di *pensene* viene definito in *coscienziologia* come unità pratica di manifestazione della coscienza, dove il *pen*-siero, o l'idea, il *sen*-timento, o l'emozione, e l'*e*-nergia coscienziale vengono visti come tre elementi del tutto inseparabili.

con una struttura triadica. Ma cosa mi dici di un singolo pensene, è anch'esso un'entità?

INSEGNANTE. Che cosa intendiamo esattamente con il termine di pensene? Dobbiamo ammettere che la sua definizione rimane piuttosto vaga in coscienziologia. Una possibilità è quella di definire un pensene come il caso limite di un morfopensene con una struttura minimale. Tale caso limite corrisponderebbe a un puro elemento di energia immanente: una sorta di costituente elementare basico della realtà manifesta, formato unicamente da tre attributi: una certa quantità di materia-energia, di emozione e di pensiero. Sto qui ragionando in analogia con il concetto di entità elementare in fisica, come è il caso ad esempio di un elettrone, che è caratterizzato da tre attributi inseparabili: una certa quantità di massa (cioè energia), di carica elettrica, e di spin. Ma vedi, anche nel caso di un elettrone, la sua individualità non è per nulla certa, poiché puoi sempre considerare l'elettrone come una proprietà emergente di un cosiddetto *campo quantistico*, dove il termine campo va qui inteso nel senso di "campo di possibilità", e non di un campo di proprietà interamente attualizzate all'interno del nostro teatro spaziotemporale. Similmente, forse che non esistono unità penseniche nello stretto senso di unità atomiche elementari del reale, che interagirebbero e si aggregherebbero per formare delle strutture morfopenseniche più complesse. Per il momento, purtroppo, ci troviamo nella stessa situazione in cui erano gli antichi filosofi greci, come *Aristotele* e *Democrito*, quando all'incirca *2'400* anni fa cercavano di comprendere la natura basica della materia fisica (e il dibattito che hanno originato è sempre aperto ai nostri giorni). In altre parole, secondo la nostra conoscenza attuale, è piuttosto difficile determinare quali sarebbero le proprietà di base che caratterizzano l'unità ipotetica elementare denominata pensene. Inoltre, non possiamo escludere che forse esistono diversi tipi di penseni elementari: di tipo *A*, *B*, *C*, ecc., esattamente così come esistono diverse entità microscopiche elementari, come i leptoni, i mesoni, i quark, ecc.

STUDENTE. Ma ipotizzando per un momento che penseni esistano veramente in quanto costituenti elementari del reale, ritieni che possano avere una specifica localizzazione nello spazio?

INSEGNANTE. Consideriamo prima la tua domanda in relazione ai morfopenseni. E permettimi di considerare uno specifico morfopensene: un fiore fisico. Evidentemente, un fiore è un morfopensene stabilmente localizzato nel nostro spazio fisico. Ma il fiore che posso vedere con i miei occhi fisici è solo un aspetto (quello materico-denso) di un'entità multidimensionale. Quindi, possiamo chiederci: è il fiore, in quanto morfopensene, integralmente localizzato nello spazio, o solo parzialmente? Inoltre: quali sono gli aspetti emozionali e mentali associati a un fiore? Ma al di là di questo, e più generalmente, quanto localizzabili sono le emozioni e i pensieri nel nostro spazio fisico tridimensionale? La nostra esperienza è che, in generale, un'emozione non è un qualcosa di localizzato nello spazio, ma di *localizzabile* nello spazio, quando interagisce con un essere intrafisico, come ad esempio il nostro olosoma nella sua configurazione intrafisica. Pertanto, toccando, o paratoccando, il fiore, possiamo percepire un'emozione, che possiamo localizzare da qualche parte nel nostro soma, o psicosoma. Similmente a un elettrone, l'emozione verrebbe in tal caso momentaneamente "risucchiata" nel nostro spazio fisico ordinario, e lo stesso varrebbe per i nostri pensieri. Pertanto, penso sia ragionevole affermare che i morfopenseni non siano in generale localizzati nello spazio, ma che nel caso di un'entità fisica come un fiore, lo siano parzialmente. E naturalmente, in determinate circostanze, una migliore, se non addirittura completa, localizzazione spaziale potrà essere momentaneamente ottenuta, o meglio creata, per mezzo dell'interazione con uno specifico apparato di misura, denominato "coscienza intrafisica".

STUDENTE. E immagino che lo stesso ragionamento si applichi anche agli ipotetici penseni elementari.

INSEGNANTE. Esatto, sebbene i penseni, se realmente esistono in quanto unità singole elementari, sono probabilmente più difficili da localizzare in modo stabile nello spazio fisico rispetto ai morfopenseni, come è anche il caso per le "particelle" elementari, in confronto agli oggetti macroscopici della nostra vita intrafisica di tutti i giorni.

## PARADIGMA DUALISTICO

STUDENTE. Vorrei chiederti un'altra cosa a proposito del paradigma coscienziale, che non sono convinto di avere compreso appieno.

INSEGNANTE. Ti ascolto.

STUDENTE. Durante il corso, ho appreso che secondo il paradigma scientifico convenzionale, solo la materia e l'energia esistono. D'altra parte, secondo il paradigma coscienziale, non ci sarebbe solo la materia e l'energia, ma anche la coscienza, con la sua capacità di processare energia immanente in forme più strutturate di energia coscienziale, tramite l'aggiunta di *informazione coscienziale*.

INSEGNANTE. Sì, sono d'accordo.

STUDENTE. Ma allora, se la coscienza è realmente qualcosa di distinto rispetto alla materia-energia, che cosa distinguerebbe una coscienza dalle energie e materie coscienziali che utilizza per manifestarsi? Possiamo forse dire che la coscienza sia più reale che le sue materie-energie coscienziali? E cosa significherebbe "più reale"? Come possiamo definire in modo chiaro la realtà? L'esistenza della materia-energia e della coscienza è dello stesso tipo? E come possiamo definire l'esistenza? Infine, possiamo dire che il paradigma coscienziale difenda una sorta di visione dualistica della realtà, che sarebbe la combinazione di due aspetti radicalmente distinti: la coscienza da una parte, e la materia-energia dall'altra?

INSEGNANTE. Ebbene, si tratta indubbiamente di domande profonde e difficili.

STUDENTE. Ti avevo avvertito che le mie domande erano del tipo "troppo difficili per poter essere risposte".

INSEGNANTE. Non è possibile ovviamente rispondere in modo

definitivo a queste domande, ma nulla ci impedisce di indagarle, approfondendo così la nostra comprensione. Come probabilmente sai, nella filosofia occidentale si distinguono tre diverse teorie della realtà: *materialismo, dualismo* e *idealismo*. Semplificando all'estremo, secondo il materialismo le menti sono irreali ed esistono solo i corpi; secondo il dualismo esistono sia i corpi che le menti, che sono distinti, ma collegati in qualche modo; per l'idealismo i corpi sono irreali ed esistono solo le menti. Ora, secondo la ricerca coscienziologica,[11] il paradigma materialista sarebbe inadeguato, in quanto le proiezioni lucide della coscienza, e le esperienze di quasi morte, indicano chiaramente la possibilità di processi cognitivi di tipo psicosomatico e mentalsomatico, indipendenti dal corpo materiale ordinario. Pertanto, la mente non può essere considerata come una mera proprietà emergente della materia fisica ordinaria, anche se questo potrebbe essere parzialmente vero per il caso specifico della "mente fisica", intesa come quella parte dei nostri processi cognitivi che originerebbero unicamente dall'attività elettrica del nostro cervello fisico. Inoltre, la ricerca coscienziologica ci impone una riformulazione dei paradigmi dualistico ed idealistico, onde tenere conto dell'esistenza delle dimensioni extrafisiche. Il tradizionale *problema mente-corpo* è quindi da intendersi come un problema di ben più ampio respiro, che potremmo denominare *problema coscienza-olosoma* o, equivalentemente, *problema coscienza-energia*. Rimaniamo dunque con due soli paradigmi significativi: quello del "coscienzialismo", o idealismo, che afferma che solo la coscienza esiste veramente, e quello del dualismo, secondo il quale sia la coscienza che la materia-energia esistono, che sebbene tra loro distinte, sono anche in qualche modo collegate.

---

[11] Con il termine "ricerca coscienziologica" intendiamo qui quel cor-pus di evidenze sperimentali (autoricerca ed eteroricerca) raccolte dalle innumerevoli coscienze che hanno visitato e soggiornato su questo pianeta, negli ultimi millenni della sua storia.

## ENERGIA

STUDENTE. Questo riassume bene la situazione. Ma prima di proseguire la nostra discussione, permettimi una breve digressione. Durante il corso, tutti parlavano in continuazione di *energia*. Volevo chiederti, alla fine, che cos'è l'energia?

INSEGNANTE. È una bella domanda, e penso che nessuno conosca una risposta soddisfacente. Anche i fisici moderni, in un certo senso, non sanno realmente che cos'è l'energia. Quello che sanno è come calcolarla e che, fino a prova del contrario, si comporta come una quantità conservata.

STUDENTE. E cosa mi dici della famosa equazione di Einstein: $E = mc^2$. Non significa forse che la materia può essere trasformata in energia?

INSEGNANTE. Non esattamente. L'equazione di Einstein ci dice unicamente come calcolare la quantità di energia contenuta nella massa inerziale di un corpo. Tutto qui.

STUDENTE. Pensavo che l'equazione dimostrasse che la materia può essere trasformata in pura energia.

INSEGNANTE. Non la materia, ma la massa. L'equazione di Einstein ci dice semplicemente che il concetto di massa, e quello di energia, sono in ultima analisi del tutto equivalenti, a parte il fatto di essere misurate con unità di misura differenti. Comunque, quale sarebbe questa pura energia di cui parli?

STUDENTE. Quella della luce, credo.

INSEGNANTE. In tal caso, quello che affermi è corretto: una particella massiva, in certe condizioni, può trasformarsi in entità di luce, denominate fotoni.

STUDENTE. Quali sono queste condizioni?

INSEGNANTE. Non devi violare le altre leggi di conservazione. Per esempio, un elettrone non può trasformarsi da solo in un fotone, perché la carica elettrica non verrebbe conservata nel processo.[12] Ma dimmi: perché ritieni che un fotone sarebbe una forma di energia più pura rispetto a quella ad esempio di un elettrone?

STUDENTE. A dire il vero non lo so.

INSEGNANTE. Le entità elementari massive, come gli elettroni, i protoni, i neutroni, i quark, ecc., sono altrettanto fisiche, pure ed energetiche che quelle non massive, come ad esempio i fotoni. Tutto quello che l'equazione di Einstein ci dice è che la massa è energia, in una forma particolare, e siccome non c'è una legge di conservazione della massa, l'energia di massa può essere usata e convertita, quando le condizioni lo permettono, per creare nuove entità fisiche, come ad esempio dei fotoni, che invece non possiedono una massa inerziale a riposo, essendo delle entità puramente cinetiche.

STUDENTE. Ma allora cosa significa quando in coscienziologia si afferma che tutti i fenomeni che noi sperimentiamo sono solo energia?

INSEGNANTE. È solo una scorciatoia per dire che la realtà con cui interagiamo, e di cui siamo partecipatori, è formata da diverse *sostanze energetiche*, o *materie energetiche*, che nelle giuste condizioni possono scambiare energia e trasformarsi le une nelle altre. In coscienziologia non ci si limita alle sostanze fisico-dense del dominio intrafisico, ma si considerano tutte le possibili sostanze con cui sono fatte le innumerevoli entità dell'intera realtà multidimensionale, che non è solo fisica, nel senso di "fisica ordinaria", ma anche extrafisica, nel senso di "fisica straordinaria." Per quanto le sostanze extrafisiche siano percettivamente meno dense di quelle fisiche, sono nondimeno altrettanto energetiche, e nel giusto contesto possono scambiare energia con quest'ultime, e viceversa.

STUDENTE. Potremo allora dire che esiste una sorta di legge generale e multidimensionale di conservazione dell'energia?

INSEGNANTE. Apparentemente sì, sebbene nessuno conosce l'esatto dominio di validità di tale legge.

---

[12] Un fotone non ha carica elettrica.

STUDENTE. Cosa intendi dire?

INSEGNANTE. Intendo dire che la realtà energetica è "la fuori", di fronte ai nostri occhi fisici ed extrafisici. Se ipotizziamo che sia stata creata, nel senso letterale del termine, allora si tratta di una flagrante violazione della legge di conservazione dell'energia.

STUDENTE. Capisco. Ma dimmi: se tutte queste sostanze energetiche possono interagire tra loro e trasformarsi le une nelle altre, non pensi che, in ultima analisi, non possano poi essere così diverse?

## ISOLAMENTO TOTALE

INSEGNANTE. Hai perfettamente ragione. Tutte queste sostanze energetiche possiedono infatti il medesimo attributo, che è quello di "avere energia", o se preferisci, "trasportare energia". E dal momento che condividono questa stessa proprietà intrinseca, possiamo anche dire che partecipano a una stessa identità, e quindi possiamo anche ragionevolmente considerare che tutte queste diverse sostanze altro non siano che le diverse manifestazioni di una sostanza energetica più fondamentale, che per semplicità potremmo denominare *energia*.

STUDENTE. E cosa mi dici del rapporto tra energia e coscienza? Condividono anch'esse delle proprietà intrinseche? Secondo il paradigma dualistico, questo non dovrebbe essere il caso.

INSEGNANTE. Credo vi sia un problema insormontabile nel paradigma dualistico. Da un punto di vista logico, se due entità radicalmente differenti sono in grado di interagire tra loro, in qualunque modo, allora, per il fatto stesso che sono in grado di interagire, non possono essere radicalmente differenti. In tal senso, il paradigma dualistico, nella sua versione radicale,[13] è

---

[13] Vale la pena sottolineare che il termine "radicale" viene spesso usato nel campo degli studi sulla coscienza in un senso molto più debole rispetto a come impiegato qui.

un paradigma auto-contradittorio, che è bene abbandonare.

STUDENTE. Non è che stai un po' giocando con le parole? Per quale ragione due entità radicalmente distinte non dovrebbero essere in grado di interagire tra loro?

INSEGNANTE. Forse il modo migliore per rispondere a questa tua domanda è di chiederti quale sarebbe una buona definizione operative della proprietà di "essere radicalmente distinte". Con il termine di "radicalmente distinte" non mi riferisco qui a una distinzione in senso relativo, o formale del termine, come ad esempio due persone distinte, o due diverse particelle, ma in senso molto più fondamentale e sostanziale. Ora, se rifletti un po' alla questione, probabilmente giungerai alla definizione seguente: due entità sono radicalmente distinte se e solo se rimangono totalmente e permanentemente isolate, nel senso che non possono interagire tra loro in nessun modo, in nessun tempo.

STUDENTE. Ma allora, contrariamente all'assunto alla base del dualismo, se due entità sono radicalmente distinte, nessun collegamento di nessun tipo può essere stabilito tra loro.

INSEGNANTE. Esattamente. In altre parole, si tratterebbe di entità appartenenti a realtà tra loro radicalmente distinte, che non sono mai entrate in contatto e mai entreranno in contatto, direttamente o indirettamente. Di conseguenza, ogni definizione operazionale della nostra realtà dovrà necessariamente escludere considerazioni relative ad altre realtà che sarebbero totalmente e permanentemente isolate dalla nostra. Infatti, tutto ciò che conosciamo del reale ha origine nelle nostre esperienze, e ovviamente possiamo sperimentare, influire ed essere influiti unicamente da ciò che si trova nel raggio di azione, passato presente e futuro, delle nostre possibili interazioni col reale, siano esse dirette o mediate, fisiche o extrafisiche, emozionali o mentali.

## UNITÀ

STUDENTE. Quello che affermi è in effetti molto logico, e in un certo senso quasi triviale.

INSEGNANTE. Sono d'accordo. Meno triviale è che, quale conseguenza di questo, la nostra realtà non possa contenere delle sub-realtà totalmente e permanentemente isolate, e pertanto possiede necessariamente una *struttura minimale unitaria*, nel senso che tutte le diverse parti della nostra realtà sono disponibili ad interagire tra loro.

STUDENTE. Direttamente?

INSEGNANTE. Non necessariamente, l'interazione può anche essere indiretta, nel senso di mediata.

STUDENTE. Potresti farmi un esempio?

INSEGNANTE. Ricordi la struttura del tuo olosoma?

STUDENTE. Certo, è formata da *3* veicoli intelligenti: *soma* (corpo fisico, o corpo grossolano), *psicosoma* (detto anche corpo astrale, corpo emozionale, o corpo sottile) e *mentalsoma* (detto anche corpo causale, corpo mentale, o spirito).

INSEGNANTE. Più precisamente, è formata da *almeno 3* veicoli intelligenti. Non sappiamo infatti se dei veicoli ancora più sofisticati e dilatati esistono oltre il mentalsoma.

STUDENTE. Qualcosa come un veicolo trans-mentale?

INSEGNANTE. Sì, qualcosa del genere. Ma il fatto di avere tre o trentatré veicoli intelligenti non cambia molto alla logica della nostra discussione. Come interagisce lo psicosoma, cioè il corpo sottile, con il soma, cioè con il corpo grossolano?

STUDENTE. Attraverso l'*olochakra*?

INSEGNANTE. Esattamente. Quindi, il psicosoma non interagisce direttamente con il soma, ma solo indirettamente, attraverso una specifica *interfaccia*, detta anche *energosoma*, corpo eterico, doppio eterico, fluidosoma, o filo d'argento, quando si presenta in una configurazione allungata, nel corso delle cosiddette

75

esperienze fuori del corpo.

STUDENTE. Possiamo affermare la stessa cosa a proposito dell'interazione del mentalsoma con lo psicosoma?

## OLOSOMA

INSEGNANTE. Probabilmente sì. Ma permettimi di riassumere quello che al momento sappiamo riguardo la struttura del nostro olosoma. Sappiamo che l'essere-coscienza ha la capacità di manifestarsi tramite un insieme di veicoli energetici di manifestazione, definiti nel loro complesso *olosoma*. Possiamo distinguere tre diversi veicoli e due interfacce: il corpo fisico, o *soma*, connesso allo *psicosoma* tramite un'interfaccia denominata *olochakra*, e il *mentalsoma*, connesso allo psicosoma tramite un'interfaccia denominata *filo d'oro*. Come sai, la coscienza usa questi veicoli per manifestarsi nelle diverse dimensioni esistenziali. Nella vita intrafisica, usa primariamente il soma; nella vita extrafisica, quando proiettata al di fuori del corpo fisico, o durante i periodi intermissivi tra le vite, usa lo psicosoma, o il mentalsoma. Sappiamo anche che vi sono dei processi critici che la coscienza sperimenta, di disattivazione somatica, detti *dissoma*. La cosiddetta *prima dissoma* corrisponde alla disattivazione (morte) del corpo fisico, nel corso della quale la connessione olochakrale che lega la coscienza alla materia fisico-densa ordinaria viene meno. L'interfaccia olochakrale perde allora la sua connessione con il soma, ma mantiene la sua connessione con lo psicosoma, consentendo alla coscienza di interagire ancora con le energie fisiche, o quasi fisiche. La *seconda dissoma* è la susseguente liberazione dello psicosoma da questa appendice olochakrale, e dal suo bagaglio di energie coscienziali. Con la seconda dissoma, o seconda morte, la coscienza perde completamente l'olochakra, che si dissolve, e conseguentemente perde anche la sua capacità di interagire fortemente con le dimensioni fisico-energetiche più dense. Infine, su una scala di tempo molto più vasta, è identificabile anche una *terza dissoma*, o terza morte, che corrisponde alla disattivazione dello psicosoma, con la conseguente inaugurazione di ciò che viene definito *ciclo mentalsomatico*, ossia, il corso evolutivo di un essere-coscienza che si manifesta unicamente (per un lungo tempo) tramite il suo mentalsoma, in una condizione detta di *coscienza libera*.

STUDENTE. E dopo?

INSEGNANTE. Dopo non lo sappiamo. Al nostro attuale livello evolutivo e conoscitivo ci mancano a dire il vero numerose informazioni. Ad esempio, poco sappiamo del filo d'oro, l'interfaccia tra mentalsoma e psicosoma, la cui esistenza è più che altro ipotizzata per una questione di coerenza logica.

STUDENTE. Ad ogni modo, ti ringrazio per la panoramica olosomatica.

INSEGNANTE. Quello che è importante osservare è che la struttura del nostro olosoma è una sorta di successione di veicoli e interfacce.

STUDENTE. Sì, l'olochakra si lega al soma e lo psicosoma si lega all'olochakra; il filo d'oro si lega allo psicosoma e il mentalsoma si lega al filo d'oro. E l'essere-coscienza, in un modo non meglio specificato, si lega al mentalsoma.

INSEGNANTE. Questa è l'idea.


**INTERFACCE**


STUDENTE. Ma che cos'è più esattamente un'interfaccia?

INSEGNANTE. È un'entità, o elemento di realtà, che possiede un insieme caratteristico di proprietà.

STUDENTE. Che sarebbero?

INSEGNANTE. Un'interfaccia è un *ponte di comunicazione* che consente a due entità distinte di interagire in modo indiretto, senza il quale solitamente le due entità non potrebbero interagire. Come sai, due entità *A* e *C* possono interagire in modo efficace e diretto solo se sono sufficientemente simili.

STUDENTE. Puoi farmi un esempio?

INSEGNANTE. Ad esempio, devono possedere delle densità simili, o appartenere alla stessa dimensione del reale, o quando nell'ambito di una stessa dimensione trovarsi nello stesso luogo. Questo significa che *A* deve poter condividere con *C* alcune proprietà. Se non è il caso, non potranno interagire direttamente. Tuttavia, potrebbe esistere una terza entità *B*, in grado di condividere alcune proprietà sia con *A* che con *C*, di modo che interagendo con entrambe *B* può dar vita a una sorta di ponte di comunicazione tra *A* e *C*.

STUDENTE. Ma in tal caso praticamente ogni cosa è un'interfaccia potenziale.

INSEGNANTE. Sono d'accordo. Se un'entità *A* è in grado di connettersi con un'entità *B*, e se *B* è in grado di connettersi con un'altra entità *C*, allora *B* può assumere il ruolo di interfaccia tra *A* e *C*. D'altra parte, due entità non necessariamente avranno bisogno di un'entità mediatrice per interagire e comunicare in modo efficace. Ma beninteso, l'esistenza di un'interfaccia mediatrice è il requisito minimo affinché due entità possano appartenere alla medesima realtà. Tra l'altro, possiamo sicuramente considerare il nostro stesso olosoma al pari di un'interfaccia multidimensionale che permette al nostro essere-coscienza di interagire in modo efficace con le diverse dimensione esistenziali che formano la nostra realtà.

STUDENTE. Questa discussione mi sembra un po' astratta. È ragionevole riflettere alla possibilità di realtà totalmente e permanentemente isolate dalla nostra?

**STRUTTURA**

INSEGNANTE. Sicuramente non dobbiamo preoccuparci di quelle realtà che sarebbero totalmente e permanentemente isolate dalla nostra. D'altra parte, quello che ritengo sia utile sottolineare è che da una prospettiva operazionale, ogni realtà, come la nostra realtà, è un'entità che possiede necessariamente una *struttura unitaria minimale*: nessuna divisione di tipo radicale è possibile al suo interno. Può apparire sorprendente che siamo riusciti a dedurre questa proprietà strutturale senza particolari sforzi. Ma per questo abbiamo dovuto imporre alla nostra descrizione del reale di basarsi su un criterio *operazionale*, nel senso di fondarsi su tutte le possibili esperienze che possiamo avere, siano esse dirette o indirette, fisiche o extrafisiche, pratiche o mentali.

STUDENTE. Stai forse affermando che la nostra realtà tutta sarebbe un'*entità operazionale*?

INSEGNANTE. Il punto è che se imponiamo al reale il vincolo dell'operazionalismo, inteso qui in senso allargato del termine, otteniamo una realtà dotata di una struttura unitaria minimale.

STUDENTE. È corretto affermare che ogni volta che imponiamo un vincolo otteniamo una struttura?

INSEGNANTE. Certamente, e questa è un'interessante osservazione, sulla quale avremo magari occasione di tornare, nel proseguo della nostra conversazione. L'imposizione di vincoli, che vanno a *limitare il campo delle possibilità*, è infatti un ingrediente chiave nel processo di emergenza delle diverse strutture.

STUDENTE. Un'idea affascinante...

RIASSUNTO. Nella seconda parte di questo dialogo, il lettore verrà guidato all'esplorazione di concetti quali: *separazione*, *esistenza*, *possibilità*, *realtà personale* e *esperienza personale*, *creazione* e *scoperta*, *tempo*, *cambiamento* e *permanenza*, *struttura* e *complessità*, *distinzione* e *connessione*, e molti altri ancora. Il ruolo svolto da questi concetti nella nostra comprensione della realtà, e della coscienza in evoluzione, verrà altresì esplorato.

autoricerca.com

SOSTANZA MADRE

Verso la fine della prima parte del dialogo, i due interlocutori, mentre discutevano della differenza tra materialismo, dualismo e idealismo, hanno deviato su temi annessi, quali il significato del concetto di energia e l'idea di una struttura unitaria minimale del reale, quando il criterio dell'operazionismo viene imposto alla sua descrizione. Questa seconda parte del dialogo prosegue con lo studente che affronta nuovamente la questione del dualismo, ma questa volta in termini più diretti.

STUDENTE. Se non ti dispiace, vorrei tornare sulla questione del dualismo. Qual è il verdetto: dobbiamo accettare il paradigma dualista o rifiutarlo?

INSEGNANTE. Sulla base di quanto discusso, penso dovrebbe esserti ormai chiaro che un dualismo radicale tra materia-energia ed essere-coscienza non può essere mantenuto.

STUDENTE. Nondimeno, in coscienziologia si considera che sia l'energia che la coscienza esistono, e sono tra loro distinte.

INSEGNANTE. È vero, ma si considera anche che interagiscono tra loro in qualche modo, sebbene non disponiamo ancora di un modello che spiegherebbe il meccanismo di tale interazione. Essendo però assodato che ci deve essere un'interazione, o connessione, tra questi due aspetti, sia essa diretta o mediata, indubbiamente il dualismo della coscienziologia non può essere del tipo radicale.

STUDENTE. Vuoi forse dire che se ci interessiamo alla descrizione della realtà a un livello molto fondamentale, allora dobbiamo rifiutare un paradigma dualistico radicale e, pertanto, altro non possiamo fare che aderire al paradigma "idealistico-coscienzialistico"?

INSEGNANTE. Il punto è che non possiamo conoscere, comprendere, influenzare o essere influenzati da ciò che si trova oltre la portata, diretta o indiretta, delle nostre esperienze, siano esse interiori o esteriori. Pertanto, è assai naturale intendere il reale, in modo del tutto generale, come la collezione di tutte quelle entità che possono direttamente o indirettamente interagire tra loro. E questo significa che tutte queste entità, necessariamente, condivideranno degli attributi di base.

STUDENTE. Attributi di che tipo?

INSEGNANTE. Ad esempio, l'attributo di fare parte dello stesso sistema di entità potenzialmente interagenti. E questo è solo un altro modo di ribadire che la realtà è fatta di un'unica *sostanza madre*, e che le diverse entità che formano il reale altro non sono che le diverse configurazioni, o stati, di questa stessa materia madre multidimensionale. Ma beninteso, questo non significa aderire a un idealismo naïf, o *solipsismo*, secondo il quale l'intera realtà percepita altro non sarebbe che una specie di illusione creata dalla nostra singola mente, o coscienza. La visione di un mondo fatto di una sola sostanza madre multidimensionale non significa che non esista una realtà "là fuori", e "qui dentro", formata da fenomeni ed entità dal diverso grado di stabilità e autonomia, che indubbiamente non possono essere equiparati a delle mere allucinazioni create dalle nostre menti individuali.


**SEPARAZIONE**


STUDENTE. D'accordo, ma allora come devo intendere la distinzione tra la materia-energia e l'essere-coscienza?

INSEGNANTE. Ad essere sincero, non lo so. Non è un quesito da poco.

STUDENTE. Ma allora perché li distinguiamo?

INSEGNANTE. Per la stessa ragione, credo, che distinguiamo un'automobile dal suo guidatore.

STUDENTE. Permettimi di essere provocativo: possiamo realmente distinguere un guidatore dal suo veicolo, in termini operazionali intendo?

INSEGNANTE. Se ti rechi in Italia, avrai sicuramente occasione di incontrare alcuni individui, solitamente di genere maschile, che in effetti sono difficili da distinguere dalla loro automobile. Ma a parte questi casi eccezionali, la risposta è: sì, operazionalmente parlando puoi distinguere un guidatore dalla sua automobile.

STUDENTE. In che modo? Interagiscono fortemente tra loro e formano una sorta di tutt'uno.

INSEGNANTE. Hai ragione. Ma il fatto che due entità interagiscano tra loro non significa che debbano essere considerate come un'entità singola. Tutte le entità del reale interagiscono costantemente e necessariamente con l'ambiente in cui si trovano, quindi con le numerose altre entità che si trovano in quell'ambiente. Se così non fosse, sarebbero totalmente e permanentemente isolate e non apparterrebbero alla nostra realtà.

STUDENTE. Se capisco bene, è l'atto stesso di definire un'entità che produrrebbe la separazione di tale entità dal resto del reale.

INSEGNANTE. Ottima osservazione. Il fatto stesso di definire un'entità, attribuendo a una porzione del reale un certo insieme di proprietà e di stati possibili, genera un'inevitabile separazione nel reale. Questo non possiamo evitarlo, se vogliamo promuovere un'indagine del reale, sia essa scientifica o meno.

STUDENTE. Quali sono i criteri che uno scienziato usa per separare un'entità dal resto del reale?

INSEGNANTE. Ti ricordi la definizione di "proprietà"?

STUDENTE. Certamente: una proprietà è qualcosa che un'entità *possiede* indipendentemente dal contesto in cui si trova immersa.

INSEGNANTE. Perfetto. Dunque, nel processo di definizione di un'entità, uno scienziato identificherà un insieme di proprietà, indipendenti dal contesto specifico in cui l'entità si trova. E questo significa che queste proprietà saranno sufficientemente *stabili*, nel senso che non verranno troppo facilmente alterate, o distrutte, dal flusso dei fenomeni con i quali l'entità in questione costantemente interagisce.

STUDENTE. Quindi, in quanto aggregati di proprietà stabili, le entità, in un certo senso, sarebbero dei fenomeni stabili.

INSEGNANTE. Sì, o se non altro delle idealizzazioni di fenomeni stabili. La stabilità è richiesta al fine di rendere tali fenomeni *identificabili*. Ma sebbene, in senso stretto, i fenomeni non siano generalmente separabili tra loro, le entità, per definizione, sono frammenti separati del reale che, in un certo qual modo, vengono identificati, e quindi *costruiti*, dalla coscienza stessa che le indaga.

STUDENTE. Intendi dire che le entità sarebbero il risultato della nostra indagine analitica del reale?

INSEGNANTE. Precisamente.

STUDENTE. La cosa mi disturba un po'. Significa che facendo scienza, introduciamo una separazione arbitraria nel reale, a causa del nostro approccio di tipo analitico.

INSEGNANTE. Sì e no. Devi considerare che nel corso della loro indagine i ricercatori potranno anche scoprire che, ad esempio, due entità considerate in precedenza come separate, a un esame più attento non lo saranno più; grazie a questa nuova informazione potranno migliorare la loro capacità di descrivere il reale, partizionandolo in elementi sempre più realistici, riducendone così il grado di frammentazione.

STUDENTE. Puoi farmi un esempio?

INSEGNANTE. Gli esperimenti quantistici del tipo Einstein, Podolsky e Rosen, di cui potresti aver sentito parlare nel libro di divulgazione di fisica quantistica che hai letto, sono un esempio emblematico di quello di cui sto parlando [AGR, 1982]. Questi esperimenti hanno dimostrato che numerose coppie di entità elementari, dopo aver interagito fortemente tra loro in un certo modo, non possono più essere trattate come entità separate, anche quando si trovano a distanze spaziali arbitrariamente grandi.

STUDENTE. Nel senso che delle entità che si ritenevano separate erano in realtà gli elementi interconnessi di un'entità più grande?

INSEGNANTE. Esatto. Ma ovviamente, così come è possibile stabilire una connessione stabile tra due entità differenti, dando così vita a una singola entità composita, è altresì possibile rompere una connessione e dividere un'entità singola in parti separate. E naturalmente, tale processo a volte potrebbe anche risultare pericoloso.

STUDENTE. In che senso?

INSEGNANTE. Nel senso che quando rompi un'entità, non è sempre garantito che i frammenti ottenuti manifesteranno gli stessi attributi che questi possedevano quando erano parte integrante di una singola unità. Se uno scienziato pazzo decidesse di rompere la tua entità *S*, il tuo soma, in due frammenti macroscopici separati, otterrà sicuramente due entità differenti e separate, ma indubbiamente queste non saranno più due entità viventi.

STUDENTE. Davvero una battuta alla Frankenstein! Ho una domanda: che cosa significa precisamente che due entità sono separate? Possiamo definire in modo chiaro la proprietà relazionale di "essere separati" in modo operazionale?

INSEGNANTE. È certamente possibile. Abbiamo già chiarito che separazione non significa isolamento. Due entità possono essere separate e nondimeno interagire. Consideriamo ad esempio la situazione di un conduttore e della sua automobile. Possiamo dire che l'entità "automobile" è separata dall'entità "conduttore"?

STUDENTE. Penso che dipende da come le consideriamo. Mi verrebbe da dire che sono quanto meno *separabili*.

INSEGNANTE. E come procederesti per separarle?

STUDENTE. Semplicemente facendo uscire il conduttore dalla sua automobile.

INSEGNANTE. E in tal caso, perché ritieni che sarebbero diventate due entità separate?

STUDENTE. Perché non starebbero più interagendo assieme, essendo ora separate da una certa distanza.

INSEGNANTE. Quindi, secondo il tuo ragionamento, separazione sarebbe sinonimo di *separazione spaziale.* Sei sicuro che è sufficiente? Dopotutto, come abbiamo già lungamente discusso, lo spazio è solo un'altra entità, un altro elemento della nostra costruzione del reale.

STUDENTE. Sì, mi ricordo quello che abbiamo detto: lo spazio è contenuto nella realtà, e non l'inverso.

INSEGNANTE. Esattamente. Tra l'altro, questo è un fatto perfettamente ovvio per tutti quegli individui intrafisici che hanno lucidamente sperimentato l'esistenza delle dimensioni extrafisiche, per esempio durante una proiezione della coscienza. Non esiste un unico spazio fisico, contenente un'unica realtà, ma diversi spazi fisici ed extrafisici, che contengono diverse realtà fisiche ed extrafisiche. In verità, anche il fisico più materialista è costretto oggi ad ammettere che, se non altro a un livello microscopico, le entità fisiche non possono essere considerate come "presenti nello spazio", ma unicamente come "potenzialmente presenti nello spazio". In altri termini, lo spazio fisico è solo una sottostruttura del reale, nella quale è possibile stabilire delle relazioni di tipo classico tra le diverse entità macroscopiche.

STUDENTE. Molto bene, il punto allora non è che l'automobile e il conduttore sarebbero spazialmente separati, ma che quando sono spazialmente separati non sono più in grado di interagire.

INSEGNANTE. Abbiamo però detto che l'interazione non ha nulla a che fare con il concetto di separazione. Il tuo soma è separato dal mio, sei d'accordo?

STUDENTE. Nessun dubbio a riguardo.

INSEGNANTE. Nondimeno, il tuo soma e il mio interagiscono costantemente, ad esempio tramite le forze gravitazionali ed elettromagnetiche. Come vedi, le entità separate non sono necessariamente delle entità isolate.

STUDENTE. Ok, ora capisco cosa stavo cercando di dire. Penso che vi sia una differenza sottile tra "due entità *interagenti*" e "due entità *connesse*". Penso che le prime possano benissimo essere separate, mentre le seconde no, ma no so come esprimere con precisione la differenza tra questi due concetti.

INSEGNANTE. Ora ti stai avvicinando al fulcro della questione. L'esistenza di interazioni tra le diverse entità significa che queste sono in grado di influenzarsi vicendevolmente nel corso della loro evoluzione. In generale, ci sono sempre delle interazioni tra le diverse entità, in quanto la nostra realtà possiede una struttura unitaria, come precedentemente osservato. D'altra parte, la *separazione* tra due entità è una *proprietà operazionale*, relativa alla possibilità di eseguire *esperimenti separati* su entrambe le entità, i cui esiti non dipendono dal fatto che si esegue prima l'esperimento su un'entità e poi sull'altra, o viceversa, o se i due esperimenti vengono eseguiti simultaneamente.

STUDENTE. Se ho capito bene, separazione significa che se un esperimento viene eseguito su una delle due entità, questo non influirà sullo stato dell'altra entità, e viceversa. Ho capito bene?

INSEGNANTE. È così. Ma dimmi ora: il conduttore dell'automobile, mentre guida l'automobile, è separato da quest'ultima? Deve essere chiaro che il fatto che il conducente sia fisicamente in contatto con la sua auto non è un ingrediente essenziale nella nostra discussione. Si potrebbe ipotizzare per esempio che stia guidando l'auto a distanza, attraverso un radiocomando.

STUDENTE. D'accordo, allora ritengo che auto e conducente formino una sorta di entità unitaria, e che non possano essere realmente considerati come separati; e considerando quello che mi hai appena detto, per dimostrarlo devo solo trovare una coppia di test, uno da effettuare sull'automobile e l'altro da effettuare sul conducente, quindi mostrare che i due test sono incompatibili, nel senso che si influenzano vicendevolmente.

INSEGNANTE. Questa è la procedura corretta. Hai un'idea?

STUDENTE. Sì, sebbene si tratta di un esperimento un po' crudele.

INSEGNANTE. Non ti preoccupare, stiamo facendo un puro

esperimento di pensiero, un *gedankenexperiment*, senza promuovere associazioni emozionali negative.

STUDENTE. Bene, pensavo allora che un qualsiasi test invasivo in grado di compromettere la capacità del conduttore di controllare il suo veicolo, come ad esempio un test con un elettroshock, potrebbe facilmente provocare un incidente, in grado di alterare lo stato dell'entità-auto. Conseguentemente, è possibile concepire dei test da eseguire sull'auto, ad esempio un test circa la sua lunghezza, il cui esito sarebbe chiaramente condizionato dal test sul conducente. Quindi, ritengo che le due entità non possano essere considerate separate.

INSEGNANTE. Esattamente. Quindi, se il conducente sta guidando il suo autoveicolo, conducente e veicolo non possono essere considerati entità separate. D'altra parte, quando il conducente non sta più guidando l'automobile, e sempreché non sia troppo identificato con il suo veicolo, come è il caso di alcuni miei amici italiani, allora le due entità possono essere considerate separate

STUDENTE. Questo vorrebbe dire che le due entità sarebbero facilmente collegabili e scollegabili, cioè separabili?

INSEGNANTE. Sì, in quanto si tratta di entità relativamente stabili e indipendenti l'una dall'altra, e la loro connessione agisce unicamente su alcuni dei loro attributi. In altre parole, anche quando formano un'unica entità singola, nella loro "configurazione di guida", è ancora possibile distinguere facilmente il guidatore umano dall'automobile.

STUDENTE. Perché è possibile farlo?

INSEGNANTE. Semplicemente perché anche quando il conducente guida la sua automobile esistono sempre innumerevoli test compatibili che è possibile eseguire separatamente sulle due entità, senza che si influenzino vicendevolmente. E questi *test separati* possono essere usati per distinguere in modo chiaro le due entità. Ma beninteso, questo potrebbe non più essere vero in una situazione in cui due entità si interconnettono più profondamente.

STUDENTE. È corretto affermare che il fatto che due entità possono essere considerate come separate dipende dall'insieme di tutti i test sperimentali che è possibile concepire ed eseguire su di loro?

INSEGNANTE. Assolutamente sì. Migliore sarà la caratterizzazione di due entità per mezzo di proprietà e stati, e maggiore sarà il numero di esperimenti che sarà possibile concepire ed eseguire su di esse, tanto che un giorno potremmo identificare una nuova coppia di test che non è possibile compiere separatamente sulle due entità, cioè senza che si influenzino vicendevolmente.

STUDENTE. Questo significherebbe che le de entità non possono realmente essere considerate come separate, giusto?

INSEGNANTE. Giusto. In fisica quantistica si usa dire in questo caso che gli stati delle due entità sono *entangled*, cioè in una condizione di *intricazione*. Beninteso, ci possono essere diversi gradi di intricazione, a seconda del numero di proprietà coinvolte. Maggiore è il numero di proprietà entangled, e più profonda sarà la natura della loro interconnessione. E quando questo numero è massimo, possiamo dire che le due entità si sono completamente fuse tra loro, dando vita a una nuova entità unitaria, che possiede delle proprietà non più riconducibili alle proprietà dei due frammenti a partire dai quali si è formata.


**DISCONNESSIONE VEICOLARE**


STUDENTE. Ciò di cui parli è il famoso fenomeno dell'*emergenza*?

INSEGNANTE. Precisamente. La connessione tra diverse entità è in grado di creare nuove proprietà e nuovi stati, che sono detti emergere dalla struttura di quegli stessi elementi che la compongono.

STUDENTE. Stavo pensando, c'è un'evidente connessione tra il mio soma e il mio psicosoma, che è l'olochakra. Pertanto, è corretto dire che i due veicoli non sono separati?

INSEGNANTE. Ora hai tutto ciò di cui hai bisogno per rispondere a questa domanda. Sei in grado di individuare due esperimenti, uno da eseguire sul soma e l'altro da eseguire sullo psicosoma, che sono mutualmente incompatibili, dunque non separabili?

STUDENTE. Mi sembra che sia possibile concepire numerosi esperimenti che dimostrano che i due veicoli non sono separati. Ad esempio, quando la coscienza è in uno stato proiettato, qualsiasi esperimento che richieda di muovere o toccare il soma avrà delle chiare ripercussioni sullo psicosoma.

INSEGNANTE. Esattamente, pertanto i due veicoli, per quanto facilmente distinguibili in termini visivi e paravisivi, di fatto si comportano come un'entità singola. E lo stesso vale evidentemente quando la coscienza si trova nel suo stato intrafisico: ogni fenomeno fisico è in grado di influire sullo stato dello psicosoma, e viceversa ogni fenomeno extrafisico, ad esempio un'alterazione emotiva, è in grado di avere delle ripercussioni sulla fisiologia del corpo fisico.

STUDENTE. In altre parole, soma e psicosoma non sono separati, in quanto intimamente connessi tramite il ponte olochakrale.

INSEGNANTE. Sì, ma dimmi: ritieni che siano separabili?

STUDENTE. Durante la prima dissoma, la connessione olochakrale, cioè il filo d'argento, viene spezzato in modo irreversibile, quindi sì, ritengo che siano separabili.

INSEGNANTE. Cosa accade a questo punto al soma: mantiene gli stessi attributi che manifestava quando la coscienza era ancora connessa ad esso tramite l'olochakra?

STUDENTE. Certamente no, il soma a questo muore e comincia a decomporsi.

INSEGNANTE. Dunque, i due veicoli non sono realmente separabili, poiché quando il filo d'argento viene spezzato il soma perde completamente la sua integrità biologica, quindi la sua identità.

STUDENTE. Possiamo allora dire che l'identità biologica del soma non era realmente posseduta dal soma, o se non altro non interamente?

INSEGNANTE. Mi sembra una deduzione del tutto logica. L'identità biologica, e in particolare la vitalità del soma, sono proprietà emergenti, che risultano dal suo accoppiamento con lo psicosoma, tramite il filo d'argento.

STUDENTE. Dunque, è come se il soma fosse una specie di appendice temporanea dello psicosoma, senza una sua identità autonoma.

INSEGNANTE. Sì, un'appendice che perde velocemente la sua identità apparente, non appena si disconnette dalla più stabile entità psicosomatica.

STUDENTE. Ma allora, non potremmo ripetere lo stesso ragionamento in relazione allo psicosoma e al mentalsoma? Non andrebbero anch'essi considerati come entità non separate e non separabili, in quanto se si spezza il filo d'oro, qualunque cosa esso sia, lo psicosoma, come il soma, comincerebbe a perdere coerenza, a disintegrarsi, e solo il mentalsoma continuerebbe a esistere in modo stabile.

INSEGNANTE. Esattamente, e così via.

STUDENTE. Cosa intendi dire?

INSEGNANTE. Come già accennato, non sappiamo se esistono altri veicoli di manifestazione al di là del mentalsoma. Ma se esistessero, sarebbe probabilmente possibile, spezzando ulteriori interfacce, "liberarsi" di altre "appendici accessorie". E così facendo, un veicolo maggiormente stabile e sottile verrebbe di volta in volta rivelato, associato a un'identità più fondamentale, e in un certo senso superiore. Di fatto, abbiamo una descrizione parziale di questo processo nel corso del fenomeno proiettivo. Quando ad esempio lo psicosoma si proietta al di fuori dei confini apparenti del soma, si verifica una disconnessione parziale dei due veicoli, che comporta una riduzione al minimo vitale di tutte le funzioni vitali del soma. E questo si verifica anche, a quanto pare, nel corso di una proiezione mentalsomatica, sebbene in tal caso la dinamica sia molto più sottile.


## ESSERE-COSCIENZA


STUDENTE. Possiamo sconnettere, o parzialmente sconnettere i nostri veicoli in un processo senza fine?

INSEGNANTE. Chi può dirlo? Ma supponi per un momento che il processo non sia infinito, cha a un certo punto ci si imbatti in un ultimo veicolo.

STUDENTE. Che cosa significa essere l'ultimo veicolo?

INSEGNANTE. In termini operazionali, significa che non ci sono ulteriori veicoli da cui separarsi, che sarebbero in grado di esistere autonomamente.

STUDENTE. Quindi, sarebbe una sorta di veicolo *irriducibile*?

INSEGNANTE. Sì, un veicolo irriducibile della coscienza, che possiede la massima stabilità, autonomia, e un'identità del tutto auto-sostenibile. Tale veicolo irriducibile esprimerebbe tutti gli attributi fondamentali della coscienza: quegli stessi attributi che vengono parzialmente espressi anche dai veicoli di manifestazione meno stabili che sono ad esso connessi, per mezzo di una serie di interfacce di crescente densità, nell'ambito di quella megastruttura denominata olosoma. In altre parole, tale veicolo irriducibile, o *entità coscienziale ultima*, è ciò che potremmo definire la coscienza nuda, o l'essere-coscienza in quanto tale.

STUDENTE. Capisco, ma allora perché affermare che la coscienza sarebbe qualcosa di fondamentalmente differente dai suoi veicoli energetici olosomatici, se a sua volta sarebbe una sorta di veicolo?

INSEGNANTE. Non un veicolo, ma il conduttore, l'agente primario. La coscienza, o essere-coscienza, sarebbe per definizione l'entità che possiede gli attributi più forti e stabili in assoluto, capace di connettersi profondamente con tutti gli altri veicoli, immergendosi letteralmente in essi o, piuttosto, fondendosi con essi, alfine di diventare un'entità olosomatica multiesistenziale, multidimensionale, multimateriale, multistrutturale e multicon-nessa.

STUDENTE. Se ho capito bene, la coscienza sarebbe distinta dall'olosoma poiché si tratterebbe di una sorta di unità ultima, massimamente sottile, o astratta, capace di "infettare" ogni altro veicolo più denso, o più concreto, coi suoi specifici attributi. E in tal senso sarebbe differente dalla materia-energia, in quanto la materia-energia ha tendenza a perdere coerenza, cioè a mori-re, quando il guidatore "abbandona i suoi veicoli".

INSEGNANTE. È un possibile modo di vedere la cosa. Sì, molto probabilmente la coscienza è un elemento fondamentale del rea-le, fatto di sostanza madre nella sua configurazione più stabile. Una configurazione che potremmo denominare *materia-energia vivente*, o più semplicemente *energia vivente*, per distinguerla da ogni altra configurazione meno stabile, che una volta discon-nessa dall'energia vivente perderebbe coerenza e si disgreghe-rebbe.

STUDENTE. Dimmi: quali sono gli attributi della coscienza, cioè le sue proprietà intrinseche fondamentali?

INSEGNANTE. Non è una domanda facile. Conosciamo numerosi attributi emergenti che la coscienza manifesta quando si fonde con i suoi diversi veicoli, ma questi attributi potrebbero non corrispondere agli attributi fondamentali, cioè a quelli che carat-terizzano l'*unità coscienziale nuda* e la materia-energia di cui sarebbe fatta.

STUDENTE. Intendi dire quegli attributi dai quali tutti gli altri conseguirebbero?

INSEGNANTE. Sì, quelli che costituiscono la condizione iniziale, maggiormente stabile e permanente, della coscienza in evolu-zione, da cui ogni altro attributo più complesso avrebbe tratto origine, nel corso di un processo evolutivo incredibilmente va-sto.

STUDENTE. Non hai nemmeno un'idea di quali potrebbero esse-re questi attributi fondamentali della coscienza?

INSEGNANTE. Le ipotesi sono sempre possibili. Ma forse, per affinare la nostra intuizione circa questa difficile questione, una buna idea è di tornare alla nostra definizione di realtà, e cercare di renderla un po' più specifica.

STUDENTE. D'accordo, ma lasciami prima ordinare dell'altro tè!

INSEGNANTE. Eccellente idea. (*Dopo aver preso qualche sorso di un tè aromatizzato al bergamotto, l'*INSEGNANTE *continua*). Se ricordi, abbiamo detto che la realtà può essere definita come la collezione di tutte le entità che sono in grado di interagire tra loro, in modo diretto o mediato. Questa però era una definizione volutamente vaga e astratta. Per esempio, non ci dice come combinare assieme, in un singolo schema coerente, tutte le diverse costruzioni personali del reale, operate dai diversi partecipatori coscienziali.

STUDENTE. Intendi dire che la mia e la tua realtà non sono le stesse?

INSEGNANTE. Hanno sicuramente molto in comune, in quanto possiamo facilmente interagire assieme. Ma questo non significa che condividano necessariamente esattamente la stessa struttura, e siano pertanto perfettamente isomorfe. Per quanto entrambi possiamo affermare che c'è una realtà "là fuori", e "qui dentro", stiamo anche continuamente co-creando e co-costruendo questa realtà, sia fuori che dentro. Come fare ad integrare tutte queste realizzazioni individuali in una singola mega struttura coerente, è un problema assai difficile. Pensa alla situazione estremamente semplice descritta dalla *teoria della relatività ristretta di Einstein*, dove il semplice fatto che due entità osservatrici macroscopiche si muovano in modo uniforme una rispetto all'altra, attraverso lo spazio fisico, è già in grado di alterare profondamente il modo in cui percepiscono e vengono percepite dai loro dintorni spaziotemporali. Per poter condividere in modo intelligibile i loro diversi punti di vista, devono imparare a tradurre in modo adeguato le loro esperienze, per poterle confrontare. In altri termini, necessitano di un "traduttore spaziotemporale", che nel caso della relatività ristretta utilizza il "dizionario" delle cosiddette *trasformazioni di Lorentz*.

STUDENTE. Credo di aver letto qualcosa a proposito di queste trasformazioni: descrivono come degli osservatori detti *inerziali*, cioè in moto uniforme gli uni rispetto agli altri, osservino in modo differente gli stessi eventi spaziotemporali.

INSEGNANTE. Esatto, e in tal senso sono come un dizionario, che permette di tradurre le esperienze che vivono i diversi partecipatori inerziali della realtà fisica ordinaria. Ma la situazione descritta dalla relatività ristretta è molto semplice. Immagina la situazione generale dove ogni tipo di movimento è possibile, interno ed esterno, in ogni possibile dimensione esistenziale. Quale potrebbe essere in questo caso un valido dizionario in grado di tradurre tutti i diversi punti di vista degli innumerevoli partecipatori del reale?

STUDENTE. Sembra un problema decisamente molto vasto.

INSEGNANTE. Probabilmente vasto quanto il problema stesso dell'evoluzione, in quanto trovare questi traduttori, queste interfacce universali di comunicazione, potrebbe essere equivalente a risolvere quell'immenso problema di compatibilità che consiste nell'integrare armoniosamente tutte le diverse espressioni creative delle coscienze in evoluzione, entro uno stesso schema non conflittuale. Ma vediamo ora di tornare alla questione di poter definire in termini semplici e operazionali la realtà personale di una coscienza sperimentatrice. Per cominciare, ti chiedo: come definiresti ciò che è *reale per te*?

## ESISTENZA

STUDENTE. Intendi dire ciò che *esiste* per me?

INSEGNANTE. È un buon punto di partenza: quindi, la tua realtà è formata da tutto ciò che *esiste* per te. Ma che cosa significa *esistere*?

STUDENTE. Ero tentato di dire che qualcosa esiste se è reale, ma in questo modo girerei in tondo.

INSEGNANTE. Ok, cerchiamo di essere pragmatici. L'entità denominata "tazza di tè", qui di fronte a te, esiste per te?

STUDENTE. Nessun dubbio!

INSEGNANTE. Perché?

STUDENTE. Perché posso toccarla.

INSEGNANTE. Bene, allora dimmi: che cos'è "toccare la tazza di tè", per te?

STUDENTE. Un processo?

INSEGNANTE. Sì, puoi certamente chiamarlo un processo, essendo parte di quel grande flusso di interazioni che attraversano la tua entità olosomatica. Ma più specificatamente, come chiameresti quei processi che sei in grado di vivere coscientemente?

STUDENTE. Esperienze?

INSEGNANTE. Sì, questa è la parola che cercavo di farti dire. Quindi, correggimi se sbaglio: la tazza di tè esiste per te in quanto si tratta di un'entità *disponibile* alla tua *esperienza personale*.

STUDENTE. Sono d'accordo.

INSEGNANTE. Bene, quindi "essere disponibile alla tua esperienza personale" è un buon test per determinare se un'entità esiste o meno per te. Consideriamo ad esempio il volume di *Proieziologia* del dott. *Waldo Vieira*, che prima hai scorto sugli scaffali, nell'ufficio della IAC. Esiste quel volume per te?

STUDENTE. Ovviamente.

INSEGNANTE. Come puoi esserne così sicuro?

STUDENTE. Ho avuto un'esperienza con quel libro un paio di ore fa.

INSEGNANTE. Quindi, un paio di ore fa sapevi che quel libro esisteva. Ma dal momento che non puoi avere un'esperienza con il libro *adesso*, come puoi pretendere che stia ancora esistendo in questo momento?

STUDENTE. A dire il vero, non posso esserne sicuro. Uno scienziato pazzo potrebbe averlo preso e sottoposto a un test di bruciabilità. E dal momento che l'esito di un tale test è certo a priori, forse che il libro è andato distrutto, bruciato, e non esiste più.

INSEGNANTE. Questa è una possibilità che non possiamo logicamente escludere. Nondimeno, supponiamo per un momento di avere un perfetto controllo dell'ufficio della IAC, così da poter escludere che in circostanze eccezionali il libro sia andato distrutto, o sia stato sottratto. In tal caso, cosa mi dici: esiste quel libro per te, *adesso*? E insisto sulla parola "adesso".

STUDENTE. In tal caso posso dire di essere sicuro che esiste per me adesso, sebbene non sto avendo con il libro un'esperienza adesso, essendo in questo momento qui con te, in questo tea room.

INSEGNANTE. Perché ne sei così certo?

STUDENTE. Non so dirti, la situazione mi ricorda un noto indovinello-koan: se un albero cade in una foresta, e non c'è nessuno in quella foresta, quando cade fa rumore? Similmente, possiamo chiederci: un'entità che non viene percepita, esiste? So bene che il libro in questione esiste, adesso, ma non ho modo di dimostrarlo. D'altra parte, non è questo un noto problema, posto anche da alcuni fisici quantistici, quando affermano che la coscienza che osserva un esperimento è in un certo qual modo responsabile del suo esito, o qualcosa del genere?

### COLLASSO DELLA FUNZIONE D'ONDA

INSEGNANTE. Sì, questa ipotesi che per comprendere che cosa accade durante un test sperimentale di tipo quantistico sia necessario invocare una misteriosa influenza della coscienza sull'entità sottoposta al test, è stata formulata molto tempo dal fisico *Eugene Wigner*, e prima di lui da altri, quale tentativo di risolvere lo spinoso problema del *collasso della funzione d'onda* [W, 1967].

STUDENTE. Di che collasso si tratta?

INSEGNANTE. Se ricordi, ti ho già spiegato che la funzione d'onda è unicamente un oggetto matematico che descrive in modo opportuno lo stato di un'entità quantistica. Ora, quando nel corso di un esperimento si vengono a creare delle nuove proprietà, ovviamente lo stato dell'entità in questione subirà un cambiamento repentino, e lo stesso accadrà alla sua funzione d'onda, che precisamente descrive tale stato. Questo cambiamento repentino della funzione d'onda nel corso di un esperimento viene solitamente definito *collasso*.

STUDENTE. Ma non è qualcosa che dovremmo aspettarci? Se lo stato di un'entità corrisponde alla descrizione delle sue proprietà attuali, e se durante un esperimento delle nuove proprietà vengono create, cioè da potenziali diventano attuali, mentre altre vengono distrutte, cioè da attuali diventano potenziali, necessariamente ci sarà un cambiamento dello stato dell'entità, quindi della funzione d'onda che lo descrive. Quale sarebbe il problema?

INSEGNANTE. Infatti, non c'è realmente un problema. A causa di limitazioni strutturali insite nel formalismo quantistico, nella sua accezione standard, non è stato possibile fino a pochi anni fa separare operazionalmente parlando l'entità misurata, cioè sottoposta al test osservativo, e lo strumento di misurazione, cioè l'entità che produce l'osservazione. Di conseguenza, non era molto chiaro quale potesse essere il meccanismo che permetteva di selezionare un esito finale al termine del processo, tra i diversi esiti possibili.

STUDENTE. Se ho capito bene, un problema del tipo: chi misura lo strumento di misurazione?

INSEGNANTE. Esatto, ed è per questo che molto speculativamente alcuni fisici, come Wigner, hanno ipotizzato che la selezione dell'esito finale, cioè dello stato finale del sistema (corrispondente al passaggio da una potenzialità, descritta in termini di probabilità, a un'attualità) venisse operata direttamente dalla coscienza, o dalla mente dello sperimentatore se preferisci. Quest'ipotesi è poi stata usata da numerosi ricercatori nel campo della moderna *parapsicologia*, nel tentativo di spiegare i fenomeni di *telecinesi* (*PK-effect*).

STUDENTE. Credo di avere letto qualcosa a riguardo: essendo la coscienza responsabile del collasso della funzione d'onda, sarebbe altresì in grado di guidare e riordinare i processi microfisici in modo da produrre un effetto macroscopico. Ma mi sembra di capire che tu non ritieni che questo sia possibile.

INSEGNANTE. Riconosco che l'effetto PK sia un effetto del tutto reale, per quanto ancora molto controverso tra gli scienziati. Ma ritengo anche che l'argomento di Wigner non sia fondato. Come abbiamo discusso, le probabilità quantistiche possono essere interpretate come quantità epistemiche, associate alla nostra mancanza di conoscenza circa le sottili interazioni potenziali che possono essere attuate tra un'entità fisica e lo strumento di misurazione. Pertanto, è lo strumento di misurazione (e l'ambiente circostante) che con le sue fluttuazioni interne ineliminabili andrà a determinare l'esito finale dell'esperimento, e non la coscienza dello sperimentatore. Se vogliamo spiegare la telecinesi, ritengo che dobbiamo darci un po' più da fare, e identificare un meccanismo più credibile.

STUDENTE. Ora mi sono perso: perché stiamo discutendo di tutto questo?

INSEGNANTE. A causa del tuo indovinello-koan: mi hai detto che alcune persone credono che secondo la fisica quantistica non sarebbe possibile determinare se qualcosa, ad esempio una proprietà specifica, esista o meno, se prima non l'abbiamo osservata direttamente.

STUDENTE. Ora mi ricordo. Dunque, secondo te, la realtà non sarebbe determinata, o influenzata, da una coscienza osservatrice?

INSEGNANTE. Non è quello che ho detto. Non ci sono dubbi che una coscienza sia in grado di influenzare profondamente il reale, in diversi modi e a diversi livelli, esteriorizzando e interiorizzando energia e informazione. Ma questo non significa che una coscienza influenzi e determini ogni cosa nel reale, in ogni momento. Non ci sono ragioni credibili di ritenere che la mente di uno sperimentatore possa influire sull'esito di un esperimento, sia esso fisico o extrafisico, semplicemente *prendendo conoscenza del suo esito*. Fortunatamente, la nostra realtà è molto più stabile di così. La fisica quantistica non è in conflitto con l'*ipotesi del realismo*: per quanto ne sappiamo, le diverse entità che popolano il reale, nei suoi diversi strati, sono in grado di esistere indipendentemente dal fatto che noi le osserviamo o meno. Ma forse è tempo di tornare alla nostra costruzione della tua realtà personale.

## REALTÀ PERSONALE

STUDENTE. D'accordo. Stavamo dicendo che quello che è reale per me, adesso, è ciò che esiste per me, adesso, e ciò che esiste per me, adesso, è ciò che è disponibile alla mia esperienza, adesso. D'altra parte, ritengo che anche il libro di Vieira nell'ufficio della IAC esista per me, adesso, sebbene, apparentemente, non sia direttamente disponibile alla mia esperienza, adesso.

INSEGNANTE. Esattamente, dopodiché hai enunciato il tuo indovinello-koan. Ma facciamo un passo indietro per un momento. Ti ricordi di quello che abbiamo discusso a proposito delle proprietà attuali?

STUDENTE. Certo: una proprietà è attuale se, se decidessi di eseguire uno dei test corrispondenti, la risposta affermativa sarebbe certa.

INSEGNANTE. Consideriamo allora la proprietà specifica della tua entità somatica S, di "essere bruciabile". Sei sempre d'accordo che "essere bruciabile" è una proprietà attuale dell'entità S, adesso? E di nuovo insisto sulla parola "adesso".

STUDENTE. Certamente sì, in quanto se decidessi di realizzare il test con il forno crematorio, il suo esito positivo sarebbe certo.

INSEGNANTE. Giusto, ma preparare ed eseguire questo test sperimentale richiede del tempo. Devi trovare il forno, accenderlo, aspettare che raggiunga la giusta temperatura, mettere al suo interno l'entità S, e aspettare un paio di ore per vedere quale sarà l'esito dell'operazione. In altre parole, una volta che l'intera procedura sarà completata, non sarai più nell'*adesso*. Quindi, come puoi affermare che l'entità S possieda in senso attuale la proprietà della bruciabilità, in questo preciso istante?

STUDENTE. Capisco, seguendo il tuo ragionamento, posso solo affermare che l'entità S è bruciabile nel mio futuro, poiché è solamente nel mio futuro che, se decidessi di effettuare il relativo test, raccoglierei l'esito dello stesso.

INSEGNANTE. Precisamente. D'altra parte, sia tu che io sappiamo perfettamente che il tuo soma S è bruciabile, in senso attuale, anche adesso, nel tuo presente, e non solo nel futuro. Quindi, sembra che manchi qualcosa nella nostra definizione.

STUDENTE. Ora sono confuso. Tutto quello che so è che se anche lo volessi non sarò mai in grado di completare il test con il forno crematorio in una frazione di secondo. Questo in particolar modo perché il test, per definizione del suo stesso protocollo, richiede un paio di ore per essere eseguito.

INSEGNANTE. Ma nel tuo passato potresti avere deciso di effettuare il test.

STUDENTE. Vuoi dire che… ma certo! Credo di aver capito: l'entità S è bruciabile in senso *attuale* nel mio *presente*, perché se avessi deciso nel mio *passato* di eseguire il test del forno crematorio, con certezza avrei ottenuto un esito positivo nel mio *presente*.

INSEGNANTE. Proprio così. Quindi, cosa mi puoi dire del libro del dott. Vieira, esiste in questo tuo momento presente?

STUDENTE. Nel mio presente il libro non è direttamente accessibile, quindi disponibile alla mia esperienza. Ma se avessi deciso nel mio passato di rimanere nell'ufficio della IAC, e leggere il libro anziché recarmi con te in questo tea room, invece di avere un'esperienza con la tazza di tè starei avendo in questo momento un'esperienza con il libro.

INSEGNANTE. Esatto, il libro sarebbe stato accessibile alla tua esperienza presente, se avessi deciso di agire diversamente nel tuo passato. Non credi che ora abbiamo tutto quello di cui abbiamo bisogno per proporre una definizione operazionale chiara della tua *realtà personale presente*?

STUDENTE. Ok, ci provo. Per cominciare, la mia realtà personale presente è formata da tutte le entità che esistono per me nel mio presente.

INSEGNANTE. Fin qui tutto bene.

STUDENTE. Grazie dell'incoraggiamento. Aggiungo che *esistere* è una proprietà operazionale, e che pertanto può essere testata.

INSEGNANTE. E quale sarebbe il test per la proprietà di esistere?

STUDENTE. Il test è molto semplice: consiste nel verificare che un'entità sia presente, nel senso di essere disponibile a partecipare a una qualsivoglia esperienza che potrei decidere di avere con lei, nel mio presente. Ad esempio, un'esperienza relativa a uno dei suoi attributi fondanti. E poiché la proprietà di esistere è definita in termini operazionali, posso altresì affermare che un'entità esiste per me, nel mio presente, ed è pertanto parte della mia realtà personale presente, se e solo se la sua proprietà di esistere per me è una proprietà attuale nel mio presente.

INSEGNANTE. Esattamente, e questo significa che se nel tuo passato avessi deciso di agire di conseguenza, avresti potuto avere, con *certezza*, un'esperienza con detta entità. In altre parole, l'esito positivo del *test di esistenza* sarebbe stato certo a priori.


## ESISTENZA POTENZIALE


STUDENTE. Sei d'accordo che prima ancora di poter parlare delle proprietà che un'entità possiede o meno, tale entità, innanzitutto, deve poter esistere?

INSEGNANTE. Questo è indubbiamente un requisito importante su cui fondare la propria indagine: avere a che fare con entità reali, cioè entità esistenti.

STUDENTE. Dunque, la proprietà di esistere deve essere una proprietà intrinseca di tutte le entità, senza eccezione.

INSEGNANTE. Intendi dire che la proprietà di esistere deve essere sempre attuale, per ogni entità?

STUDENTE. Sì, in un certo senso.

INSEGNANTE. Considera la possibilità che quello scienziato pazzo abbia bruciato il libro di Vieira. Se non sei in grado di sapere con certezza se tale evento è accaduto o meno, il meglio che puoi dire è che l'esistenza del libo di Vieira è al momento solo potenziale per te.

STUDENTE. Quindi il concetto di *esistenza potenziale* diverrebbe sensato in quelle situazioni dove un'entità potrebbe essere stata distrutta?

INSEGNANTE. Non solo in situazioni di possibile distruzione, ma anche di possibile non-creazione. In termini generali, quando una proprietà è detta essere potenziale, puoi distinguere due diverse circostanze. La prima è quando sei in una situazione di mancanza di conoscenza. Questo è il caso del libro di Vieira, che esiste solo potenzialmente per te, se non sei certo che il libro non sia andato distrutto. Ma è anche il caso di un elastico del tuo sacchetto, che è solo potenzialmente un elastico mancino, poiché il suo mancinismo è al momento un aspetto non-creato, e non hai modo di sapere se, nel corso del test del mancinismo, verrà creato con successo, in quanto il protocollo sperimentale non ti consente di controllare tutte le impercettibili fluttuazioni che andranno a determinare la natura dell'interazione tra l'elastico e lo strumento di misura costituito dalle tue due mani. La situazione è del tutto simile, concettualmente parlando, a ciò che accade con le entità elementari, come ad esempio gli elettroni, che sono solo potenzialmente presenti in una determinata regione dello spazio, in quanto la loro posizione viene creata, o rimane non-creata, quando uno strumento rilevatore interagisce, o non interagisce, con l'entità elettronica, secondo un processo che non è possibile controllare e predire.

STUDENTE. Se capisco bene, ogni volta che non so se una proprietà è stata distrutta, o se non è stata ancora creata, tutto quello che posso dire è che la proprietà è potenziale.

INSEGNANTE. Esattamente, anche se ovviamente la situazione in cui non sai se il libro di Vieira è stato distrutto è diversa dalla situazione in cui non sai se l'elastico è mancino o meno. Il primo tipo di ignoranza è puramente soggettivo, nel senso che indipendentemente da quello che sai, il libro è sia esistenze sia inesistente. Nel caso dell'elastico invece, sai che il mancinismo non è esistente, ma nemmeno puoi predire con certezza l'esito del suo test osservativo. Quindi, la tua mancanza di conoscenza, nel caso del libro, è che non conosci il suo stato: integro o distrutto; nel caso dell'elastico invece, conosci perfettamente il suo stato, ma non puoi predire l'esito dell'osservazione del mancinismo, a causa dei fattori fluttuanti che sono presenti nel contesto sperimentale.

STUDENTE. Credo di capire cosa vuoi dire.

INSEGNANTE. C'è poi anche la situazione in cui la potenzialità non è legata a una condizione di mancanza di conoscenza, ma a una condizione di certezza circa il fatto che una determinata entità non può essere attuale.

STUDENTE. Intendi dire una situazione in cui so per certo che, se decidessi di effettuare il test, la risposta negativa sarebbe certa?

INSEGNANTE. Esatto. In questo caso è il *test inverso* ad avere un esito positivo predeterminato, vale a dire, il test ottenuto scambiando i termini dell'alternativa[14] (l'esito positivo diventa quello negativo, e viceversa).

---

[14] È importante però osservare che il pregiudizio che vorrebbe che in ogni situazione sia sempre vero che un test o il suo inverso diano un esito positivo non è corretta, in quanto non è vero che ogni test possieda un esito predeterminabile, come ampiamente discusso nella prima parte di questo dialogo, in relazione alla nozione di test prodotto. Inoltre, possiamo osservare che gli esiti positivo o negativo di un test non esauriscono tutte le possibilità. Una terza possibilità, ad esempio, può corrispondere alla non esecuzione del test, cosicché l'esito positivo o negativo resteranno puramente ipotetici.

STUDENTE. Un esempio sarebbe d'aiuto.

INSEGNANTE. Molto bene. Stavo progettando di scrivere un libro con il contenuto dell'interessante dialogo che stiamo avendo oggi. Dimmi: ritieni che questa entità-libro esista proprio adesso, nel mio presente?

STUDENTE. Certamente no. D'altra parte, se faccio uso della tua definizione operazionale di esistenza, potrei dire che se nel tuo passato avessi agito diversamente, avresti potuto avere con me questo dialogo molto prima, e di conseguenza avresti potuto già scrivere il libro in questione, che pertanto esisterebbe in questo momento. Suona strano.

INSEGNANTE. Non strano, ma sbagliato. È importante non confondere le nostre *creazioni* con ciò che è *disponibile alle nostre creazioni*. Nella nostra definizione operazionale di esistenza, ciò che è richiesto non è che l'entità in questione sia *creabile*, ma che sia *già creata*, e pertanto disponibile alla nostra esperienza. In linea di principio, ogni entità è creabile (o quasi), ma non tutte le entità sono già state create. La nozione di *esistenza attuale* fa riferimento alle entità create, e non alle entità creabili. Considerando il libro che desidero scrivere, innanzitutto non abbiamo ancora terminato il nostro dialogo, il che significa che la materia grezza per realizzarlo non è ancora del tutto disponibile. Ma supponiamo di avere appena terminato il nostro dialogo. A quel punto, una sorta di entità-libro-mentale indubbiamente già esiste, nella dimensione mentale della nostra realtà, nel senso che tutta l'informazione relativa al libro è perfettamente disponibile alla mia esperienza presente. D'altra parte, nessun libro cartaceo esiste in questo momento, in quanto non è stato ancora creato nella dimensione fisico-densa, e pertanto non è ancora disponibile alla mia esperienza fisico-tattile o fisico-visiva presente. In altre parole, la sua esistenza fisica è al momento solo potenziale, nel senso che sappiamo con certezza che al momento non esiste, sebbene potrebbe certamente esistere in un prossimo futuro. Tutto chiaro?

STUDENTE. Direi di sì. Sarebbe comunque utile se tu potessi enunciare ancora una volta la definizione *realtà personale presente*.

## POSSIBILITÀ

INSEGNANTE. Sicuro. Vediamo se riesco ad essere coinciso. La realtà personale presente di una coscienza è la collezione di tutte le entità che esistono per quella coscienza, nel suo presente. Queste entità esistenti sono, per definizione, quelle disponibili alla sua esperienza, e formano pertanto la collezione di tutte le *esperienze* che la coscienza avrebbe *potuto* vivere nel suo momento presente.

STUDENTE. Ora che lo dici, realizzo tutt'a un tratto qualcosa di affascinante: che la mia realtà personale presente altro non è che una costruzione relativa a ciò che è *possibile*, e più esattamente una costruzione circa le mie possibili esperienze, quelle che avrei potuto vivere ma che probabilmente non vivrò mai.

INSEGNANTE. Più che giusto. Per quanto la tua esperienza personale presente sia quella, ad esempio, di bere una tazza di tè, avresti benissimo potuto scegliere di agire differentemente nel tuo passato e vivere adesso un'altra esperienza, creando con altre entità a te disponibili. Tutte queste entità disponibili formano la tua realtà personale presente, cosicché la tua realtà personale presente non è formata dalle tue esperienze attuali, ma dalla collezione delle tue esperienze possibili.

STUDENTE. È come se la possibilità fosse il materiale di base di cui è fatto il reale.

INSEGNANTE. Questa sembra essere una conclusione inevitabile, che emerge dalla nostra analisi: *la realtà è possibilità*, e la possibilità è *scelta*.

STUDENTE. Perché?

INSEGNANTE. La tua realtà presente è formata da tutte le entità che esistono per te, *contemporaneamente*. Se vuoi testare l'esistenza nel tuo presente di una data entità, devi verificare se nel tuo passato una diversa *scelta* sarebbe stata possibile, che ti avrebbe permesso di fare esperienza di tale entità nel tuo presente. Pertanto, *la possibilità è intimamente legata alla scelta*. Se la scelta non fosse un attributo della coscienza, non potremmo costruire operazionalmente la nostra realtà nel modo in cui lo facciamo. Se ricordi, siamo giunti a questa stessa conclusione quando abbiamo discusso delle *proprietà incontro* e dei *test prodotto*.

STUDENTE. Sì, mi ricordo: la scelta è fondamentale, in quanto non possiamo fare esperienza di ogni cosa, contemporaneamente.

INSEGNANTE. Ma sebbene non possiamo fare esperienza di ogni cosa contemporaneamente, ogni cosa esiste contemporaneamente, e pertanto *l'esistenza è possibilità*.

## ESPERIENZA

STUDENTE. Tutti questi concetti sono al contempo molto semplici e molto sottili.

INSEGNANTE. Sono d'accordo. Intuitivamente già sappiamo molte delle cose che ci siamo detti, poiché tutti noi abbiamo un'esperienza diretta del reale. Per esempio, non hai certamente bisogno della nostra erudita conversazione per sapere che il libro di Vieira esiste in questo momento nell'ufficio della IAC (salvo circostanze eccezionali). Ma ciò che forse non avevi realizzato fino ad oggi è per quale ragione lo sapevi![15]

---

[15] La definizione operazionale di esistenza presentata in questo dialogo è stata proposta dal fisico *Diederik Aerts*, e può diventare molto meno intuitiva se si considerano anche gli effetti relativistici [A, 1999]. Infatti, secondo la teoria della relatività di Einstein, se un'entità fisica si muove nello spazio ad alta velocità, un effetto relativistico di "dilatazione temporale" va altresì preso in considerazione. A causa di questo effetto, e secondo la definizione operazionale di realtà che abbiamo adottato, è possibile concludere che parte del mio futuro esiste anche nel mio presente. Non tratteremo qui di queste situazioni apparentemente paradossali, che dipendono tra l'altro anche dal tipo di interpretazione della relatività che si intende adottare. Ad esempio, se l'atto di muoversi attraverso lo spazio è considerato come un processo di creazione, che influisce sullo stato interno dell'entità che si muove (quale conseguenza della sua interazione con l'entità

STUDENTE. Sì, e questo mi fa pensare. Tra l'altro, parlando di *esperienza*, a quanto pare si tratta di un concetto centrale nella definizione di realtà personale. È possibile essere più precisi riguardo a cosa sia un'esperienza, esattamente?

INSEGNANTE. Possiamo certamente cercare di definirla in modo un po' più specifico. Prima di tutto, ritengo sia importante sottolineare che un'esperienza non è riconducibile a una mera interazione tra due entità. Un'esperienza è tale solo se almeno una delle due entità è un essere-coscienza.

STUDENTE. Ma un'esperienza non richiede una qualche forma di interazione?

INSEGNANTE. Sì, un'interazione tra due entità è una condizione necessaria per un'esperienza, ma non sufficiente. Quello che è importante è che una delle due entità possa *vivere l'interazione*. E questo è possibile solo se l'entità in questione è cosciente a un certo livello dell'interazione, ed è in grado di distinguere la situazione in cui essa sta interagendo da quella in cui non sta interagendo.

STUDENTE. In altre parole, l'entità deve poter essere *autocosciente*?

INSEGNANTE. Sì, questo è un tipico attributo fondamentale che si è soliti attribuire a una coscienza.

STUDENTE. Fino ad ora abbiamo identificato due proprietà intrinseche, o attributi, di un essere-coscienza: deve essere dotato di *libero arbitrio*, cioè dell'abilità di autodeterminarsi operando delle libere scelte, e di *autocoscienza*, cioè della capacità di avere delle esperienze soggettive personali, distinguendo il proprio sé dal proprio non-sé.

INSEGNANTE. Concordo. Ma non è tutto. Un'esperienza richiede anche che la coscienza sia in grado di indentificare l'entità con

---

denominata "spazio fisico"), allora nessuna parte del mio futuro potrà appartenere al mio presente. In fisica, una tale ipotesi viene definita "visione processo di Lorentz" (*Lorentz's process view*), per opposizione alla "visione geometrica di Einstein" (*Einstein's geometric view*).

la quale interagisce.

STUDENTE. Ma se l'esperienza è un'esperienza del tutto nuova, come può essere identificata?

INSEGNANTE. Identificare non significa riconoscere. Ogni esperienza che tu vivi produce un effetto su di te. E se *memorizzi* la trama di quell'effetto, avrai identificato l'esperienza, anche se si tratta di un'esperienza del tutto nuova. In altre parole, avrai scoperto qualcosa circa l'entità con la quale hai interagito, e di conseguenza anche su te stesso. In altre parole, c'è un *aspetto scoperta* in ogni esperienza, che è uno dei due aspetti fondamentali di un'esperienza.

STUDENTE. E quale sarebbe l'altro aspetto?

INSEGNANTE. Quello della *creazione*, che costituisce la parte attiva di un'esperienza, che la coscienza ha il potere di controllare.

STUDENTE. Capisco, mentre la *scoperta* sarebbe la parte passiva dell'esperienza, che la coscienza non è in grado di controllare, ma solo di scoprire, giusto?

INSEGNANTE. Esatto. Quindi, mettendo tutto questo assieme, otteniamo che un'esperienza è l'interazione di una coscienza con una porzione ad essa disponibile del reale, che abbiamo genericamente denominato "entità"; un'interazione tale che è sempre la combinazione di due aspetti fondamentali: un aspetto attivo, di creazione, e un aspetto passivo, di scoperta. L'aspetto di creazione è quella parte *animistica* di un'esperienza che viene agita e controllata dalla coscienza, mentre l'aspetto di *scoperta* è quella parte *mediumistica* di un'esperienza, non controllata dalla coscienza, che si presta alla sua azione e al suo controllo. Sei d'accordo?

STUDENTE. Credo che un esempio mi aiuterebbe.

INSEGNANTE. L'aspetto creazione di un'esperienza è solitamente descritto dai *verbi*, mentre l'aspetto scoperta è solitamente descritto dai *sostantivi*. Se consideri la semplice esperienza che consiste nel bere la tua tazza di tè, l'aspetto scoperta della tua esperienza è l'entità "tazza di tè", che è una tra le numerose entità disponibili a partecipare a una tua possibile esperienza. L'aspetto creazione invece, è la tua azione di prendere la tazza nelle tue mani, avvicinarla alla tue labbra, e berne il contenuto, che è completamente sotto il tuo controllo. L'esperienza in quanto tale, naturalmente, è la *fusione* di questi due aspetti.

STUDENTE. E che cosa avrei creato con questa esperienza di fusione?

INSEGNANTE. Per esempio, l'entità detta "tazza di tè vuota", che prima della tua esperienza ancora non esisteva.

STUDENTE. Però posso altresì affermare che ho distrutto l'entità "tazza di tè piena", che dopo la mia esperienza non esisterà più.

INSEGNANTE. Sì, se preferisci puoi affermare questo. Creazione e distruzione sono le due facce principali di una stessa moneta, il cui nome è *trasformazione.* Beninteso, è tutta una quesitone di punti di vista. Prendi ad esempio il ristretto punto di vista di una coscienza intrafisica materialistica, per la quale la prima morte corrisponde a una distruzione completa del proprio sé, mentre secondo il punto di vista più ampio di una coscienza più avanzata, che possiede una conoscenza dei suoi veicoli di manifestazione più sottili, il processo corrisponde unicamente a una trasformazione del suo olosoma.

STUDENTE. Capisco, molto dipende dall'entità sulla quale ci focalizziamo. Alcune entità sono indubbiamente più *stabili*, più durature nel tempo. A proposito, qual è il suo ruolo nella descrizione del reale? Come interviene il *tempo* nella descrizione della mia realtà personale?

## TEMPO

INSEGNANTE. Hai sicuramente osservato che la definizione della tua realtà personale è relativa a uno specifico istante.

STUDENTE. Sì, la mia realtà presente è differente dalla mia realtà passata, e differisce dalla mia realtà futura.

INSEGNANTE. Giusto. La tua realtà *presente* è una costruzione circa tutto ciò che *è* disponibile a te, per essere *possibilmente* fuso con una delle tue creazioni, nel tuo presente personale, mentre la tua realtà *passata* è una costruzione circa tutto ciò che *era* disponibile a te, per essere *possibilmente* fuso con una delle tue creazioni, nel tuo passato personale; infine, la tua realtà *futura* è una costruzione circa tutto ciò che *sarà* disponibile a te, per essere *possibilmente* fuso con una delle tue creazioni, nel tuo futuro personale.

STUDENTE. E dal momento che la mia realtà passata differisce dalla presente e dalla futura, questo significa che la realtà cambia costantemente, nel senso che si evolve continuamente. È per questo che il tempo esiste?

INSEGNANTE. Spero che ti ricordi della nostra definizione operazionale di esistenza. Sei in grado di usarla per testare l'esistenza dell'*entità tempo*? Sai dirmi se il tempo è un elemento a te disponibile, della tua realtà, che puoi fondere nel tuo momento presente con una delle tue creazioni?

STUDENTE. Sicuramente no. Come potrei interagire col tempo? E comunque, parlare della disponibilità dell'entità tempo nel mio presente è già di per sé un discorso paradossale, auto-contraditorio.

INSEGNANTE. Sono d'accordo, quindi, l'unica conclusione possibile è che ciò che abitualmente chiamiamo tempo non esista.

STUDENTE. Ma dal momento che la realtà cambia, in un certo senso dovrà pur esserci un flusso temporale, che spiega perché il mio momento presente, il mio *adesso*, non sia fisso, ma si muova continuamente, verso la direzione futura.

INSEGNANTE. Se il tempo non esiste, come potrebbe fluire? Ma supponiamo per un momento che esista, anche se non è così. Che cosa vorrebbe dire che fluisce?

STUDENTE. Semplicemente che si muove dal passato in direzione del futuro, rinnovando in ogni momento il momento presente. Esattamente come un oggetto unidimensionale che si muove lungo una linea, da sinistra verso destra.

INSEGNANTE. Interessante. Permettimi allora di considerare l'esempio di un'auto che si muove su una strada, e per semplificare supponiamo che si muova a velocità costante. Sai dirmi che cos'è una velocità?

STUDENTE. Sicuro: per definizione una velocità misura come varia una posizione nello spazio, rispetto al tempo.

INSEGNANTE. Esatto. E sei d'accordo che se l'auto fluisce sulla strada è perché possiede una velocità diversa da zero?

STUDENTE. Concordo. Flusso e velocità sono concetti collegati. Senza velocità non ci può essere flusso.

INSEGNANTE. Conseguentemente, se il tempo fluisce, deve muoversi, quindi deve possedere una velocità che caratterizza la sua instancabile marcia dal passato verso il futuro.

STUDENTE. Senza dubbio.

INSEGNANTE. Dimmi allora: la velocità del tempo, misura la variazione di che cosa?

STUDENTE. Che domanda: del tempo beninteso!

INSEGNANTE. Rispetto a che cosa?

STUDENTE. ...

INSEGNANTE. Sei bloccato? Vedi, per dare un senso all'idea del tempo che fluisce, necessiti di un secondo tipo di tempo, rispetto al quale caratterizzare la sua velocità. Ma lo stesso ragionamento si applica poi anche a questo secondo tipo di tempo, cosicché sei costretto ad introdurre un'infinità di tempi differenti, in una regressione infinita [D, 1998].

STUDENTE. Non ci avevo mai pensato.

INSEGNANTE. Fortunatamente non dobbiamo preoccuparci di tutto questo. *Il tempo non esiste*, quindi, nemmeno è necessario che fluisca.

STUDENTE. Ma allora, come dovrei intendere il passato, il presente e il futuro?

## ORDINE CRONOLOGICO

INSEGNANTE. Questi concetti vanno intesi in relazione a una specifica abilità della coscienza: quella che consiste nel *dare un ordine* alle sue esperienze. La tua realtà è una collezione di elementi simultanei, tutti disponibili allo stesso istante, per essere possibilmente sperimentati da te. Ma le esperienze che vivi non sono in generale simultanee: sono le une susseguenti alle altre. Ora, dal momento che sei una coscienza scrupolosa, sicuramente vorrai tenere una traccia di tutte le tue esperienze, attribuendo ad ognuna di esse un'etichetta specifica, riportante ad esempio un numero reale progressivo, che potresti chiamare il *momento della tua esperienza.* Così facendo, introdurrai nella tua realtà un *ordine cronologico personale.* Questo avrà delle conseguenze importanti, essendo che quando applichi un'etichetta cronologica a una delle tue esperienze, la stessa etichetta si applicherà automaticamente a ogni altra entità della tua realtà con cui avresti potuto avere un'esperienza al medesimo momento, nel caso nel tuo passato avessi operato una scelta differente.

STUDENTE. Se capisco correttamente, mi stai dicendo che ogni coscienza possiede una sorta di capacità innata nel dare un ordine coerente alle proprie esperienze, e così facendo definisce automaticamente un ordine cronologico che si applicherà a ogni altra entità che esiste simultaneamente, in quanto possibilità, nella sua realtà personale.

INSEGNANTE. Precisamente, e quale conseguenza di questo ordine sei in grado di distinguere le tue realtà passate da quella presente e dalle tue realtà future, o in breve, il tuo passato dal tuo presente e dal tuo futuro.

STUDENTE. Capisco, dando un ordine alle mie esperienze, tramite un parametro reale crescente, genero automaticamente una mia personale *freccia del tempo*, nella mia realtà personale.

INSEGNANTE. Esattamente, e conseguentemente crei la possibilità di scoprire che ci sono parti della tua realtà che cambiano secondo la cosiddetta *legge di causa-effetto* (detta anche *legge del karma*, nel contesto della ricerca interiore), nella misura in cui osservi che determinate tue esperienze sono sempre necessariamente precedute e/o seguite da altre, secondo l'ordine che hai stabilito.[16] In questo modo, puoi scoprire come le tue creazioni personali sono in grado di modificare la tua realtà personale, e ovviamente anche la realtà personale delle altre coscienze in evoluzione. Questo ti permette anche di imparare a scegliere in modo più responsabile le entità con le quali fonderti in un'esperienza, e creare.

## MEMORIA

STUDENTE. Questa abilità innata della coscienza, di ordinare in modo cronologico le proprie esperienze, da dove viene?

INSEGNANTE. Ritengo sia una conseguenza di un altro suo attributo fondamentale: la *memoria* [Al, 2004].

STUDENTE. Quindi, in aggiunta al libero arbitrio e all'autocoscienza, la memoria sarebbe anch'essa una proprietà intrinseca, che caratterizza l'identità primaria di un essere-coscienza?

INSEGNANTE. Esattamente. Grosso modo, possiamo dire che la memoria è la capacità di un essere-coscienza di catturare, immagazzinare e susseguentemente recuperare le impressioni che riceve, e le informazioni ad esse associate, derivate dalle sue esperienze, quale conseguenza delle sue interazioni con la realtà interiore ed esteriore. Dal momento che queste esperienze non sono simultanee, ma una susseguente all'altra, la memoria presenta una sorta di struttura stratificata naturale, a partire dalla quale possiamo dedurre il nostro personale ordine cronologico, e la nostra personale freccia del tempo.

STUDENTE. Perché mai le mie esperienze sono una susseguente

---

[16] È importante osservare che una correlazione, per quanto significativa possa essere, è unicamente una condizione necessaria, ma non sufficiente, per l'esistenza di una relazione di causa-effetto.

all'altra e non simultanee? Perché non accadono tutte allo stesso istante?

INSEGNANTE. Un'ottima domanda, cui però è assai difficile rispondere. Quello che posso dirti è che se due delle tue esperienze sono simultanee, allora potresti anche affermare che sono parte di un'unica esperienza più grande, cioè un'esperienza la cui struttura sarebbe più complessa. Ma il livello di complessità delle esperienze che possiamo vivere è necessariamente limitato dal livello di complessità dei veicoli che usiamo per manifestarci, che hanno i loro limiti strutturali. Pertanto, possiamo ipotizzare che il nostro modo di partizionare il reale in frammenti cronologicamente ordinati sia in parte anche dettato dal livello di complessità strutturale raggiunto dal veicolo di manifestazione che stiamo usando.

STUDENTE. Se seguo il tuo ragionamento, che mi sembra alquanto speculativo, la nostra percezione di un tempo che apparentemente scorre sarebbe il risultato di una strategia che usiamo per poter gestire il nostro contatto con una realtà estremamente complessa, che non possiamo sperimentare tutta in una volta. Pertanto, le diverse coscienze sperimentano diversi flussi temporali, che sono funzione della complessità strutturale dei veicoli che usano all'interno della dimensione in cui si manifestano.

INSEGNANTE. Sì, non possiamo sperimentare la realtà tutta, d'un sol colpo, essendo la realtà tutta molto più complessa dei veicoli che tipicamente usiamo per manifestarci.[17] Di conseguenza, dobbiamo decostruirla in parti meno complesse, con le quali siamo poi in grado di interagire, secondo un ordine cronologico personale. E dal momento che tutte queste parti non sono tra loro indipendenti, essendo gli elementi interconnessi di una più ampia e complessa struttura, questo potrebbe spiegare la scoperta di una legge emergente di causa-effetto, che usiamo

---

[17] Questo però non significa che una coscienza in evoluzione non possa raggiungere un grado di complessità comparabile a quello dell'intera realtà in cui si trova immersa, dando vita così a una sorta di frattalizzazione della sua struttura [S, 2005].

per organizzare le nostre esperienze frammentarie entro uno schema coerente più ampio.

STUDENTE. Quindi, prima decostruiamo e poi ricostruiamo.

INSEGNANTE. Sì, come quando decostruisci un cubo in sei diverse facce bidimensionali, che puoi osservare individualmente, una dopo l'altra, e successivamente reintegrare in una struttura tridimensionale singola, maggiormente complessa. Quando fai questo, quando usi i frammenti delle tue esperienze del reale per costruire un quadro maggiormente integrato, accresci la complessità strutturale dei tuoi veicoli e la tua capacità di sperimentare porzioni sempre più ampie e sempre meno frammentate del reale. Tutto questo, naturalmente, necessita dell'attributo della memoria, le cui registrazioni, incise nella struttura intima del nostro *olosoma*, contengono anche le nostre più avanzate teorie della realtà, o *oloteorie*.

STUDENTE. Tutto questo ha per me un sapore decisamente metafisico. Quindi, se ho capito bene, non solo il tempo sarebbe illusorio, ma anche il cambiamento.


## CAMBIAMENTO


INSEGNANTE. Non esattamente. Quello che affermo è che ogni coscienza ordina cronologicamente la propria realtà in un modo molto personale e specifico, secondo il proprio livello evolutivo e i diversi contesti evolutivi in cui si trova. Questo processo di organizzazione delle proprie esperienze, il cui grado di complessità cresce, è ciò che potremmo chiamare *cambiamento personale*, o *evoluzione personale*, ed è probabilmente responsabile della nostra percezione soggettiva di un tempo che scorre. Ma beninteso, la realtà è piena di innumerevoli coscienze, ognuna delle quali decostruisce e ricostruisce costantemente la propria realtà, cosicché ogni cambiamento o evoluzione personale ha luogo all'interno di una realtà intersoggettiva più ampia, che a sua volta cambia in continuazione a causa della presenza delle altre coscienze, e dei processi creativi che esse promuovono.

STUDENTE. Dimmi: possiamo definire in modo operazionale il cambiamento? Intendo in modo semplice.

INSEGNANTE. Certamente. Per esempio, puoi dire che un'entità è cambiata se, secondo il tuo ordine cronologico, sai che l'entità esisteva nel tuo passato e che almeno uno dei suoi stati passati differisce dal suo stato attuale.

STUDENTE. Sì, è ovvio. E dimmi: pensi che tutto nel reale stia continuamente cambiando?

INSEGNANTE. Una volta il Buddha ha detto:[18] *nulla è costante, eccetto il cambiamento.*

STUDENTE. E sei d'accordo con questa affermazione?

INSEGNANTE. Ebbene, penso sia un'affermazione alquanto suggestiva, e sicuramente ogni fisico moderno avrà tendenza ad essere d'accordo. Infatti, anche un oggetto la cui temperatura fosse pari allo zero assoluto continuerebbe a manifestare un movimento interno residuo. Sembra che nulla possa essere messo completamente a riposo, e mantenuto completamente immobile. Come abbiamo già discusso, ogni materia e paramateria è una sostanza energetica, ed energia significa movimento, sebbene non necessariamente un movimento descrivibile all'interno del nostro spazio fisico ordinario. Ma beninteso, non tutti i movimenti promuovono dei mutamenti strutturali profondi.

STUDENTE. Cosa intendi dire con questo?

INSEGNANTE. Penso che dovremmo distinguere due diversi tipi di evoluzione. Nell'*evoluzione del primo tipo*,[19] lo stato dell'entità in questione cambia, ma nessuna delle sue proprietà intrinseche, cioè dei suoi attributi, cambia. Per esempio, quando cammini per strada, la tua posizione nello spazio cambia, e quindi cambia lo stato del tuo corpo fisico, ma la tua identità

---

[18] Lo stesso aforisma è attribuito anche ad Eraclito.
[19] Da non confondere con le "misure quantistiche del primo tipo", così come definite da *von Neumann*.

fisica rimane inalterata. Nell'*evoluzione del secondo tipo* invece, anche l'identità stessa dell'entità in questione subisce un cambiamento.

STUDENTE. Intendi un processo tale che alcuni degli attributi dell'entità, che solitamente sono sempre attuali, diventano potenziali, e vengono rimpiazzati da nuovi attributi?

INSEGNANTE. Esattamente. E dal momento che tali attributi caratterizzano l'identità stessa dell'entità, se cambiano non cambia solo lo stato dell'entità, ma anche la sua struttura a un livello molto intimo.

STUDENTE. Una *trasformazione* a un livello molto profondo?

INSEGNANTE. Precisamente. E se il numero di attributi coinvolti nel processo di cambiamento è sufficientemente elevato, la nuova entità potrebbe risultare così diversa dalla sua versione precedente da necessitare di un nuovo nome. In questo caso, possiamo parlare di un processo di vera e propria *trasfigurazione*.

STUDENTE. Mi puoi fare un esempio?

INSEGNANTE. Quanti ne vuoi. Prendi per esempio un cubo di legno. L'attributo principale di questa semplice entità fisica macroscopica è di "essere fatta di legno" e di "essere di forma cubica". Questa è la ragione per la quale viene chiamata "cubo di legno". Beninteso, da questi attributi fondamentali altri possono essere dedotti, come quello di "essere bruciabile", di "galleggiare", di "essere presente nello spazio", ecc. Ma in aggiunta a tutti questi attributi stabili, che solitamente non cambiano nel tempo, vi sono anche altre proprietà, sempre associate al cubo, che sono di natura più *accidentale*, e cambiano continuamente. Per esempio, le diverse posizioni che il cubo può assumere nello spazio in cui si trova, o i diversi orientamenti delle sue facce, ma anche la velocità e accelerazione lineare del suo centro di massa, la sua velocità angolare, la sua temperatura, il numero di fotoni termici che emette al secondo, e via discorrendo. Contrariamente ai suoi attributi stabili, tutte queste proprietà cambiano continuamente, nel corso di ciò che abbiamo denominato "evoluzione del primo tipo".

STUDENTE. Capisco, lo stato di un cubo di legno cambia nel tempo, ma il cubo di legno resta sempre un cubo di legno.

INSEGNANTE. Perfetto. Ma ora immagina di prendere quel cubo e di segarlo in due pezzi identici. Questo processo corrisponde a ciò che ho definito "evoluzione del secondo tipo". Infatti, ora non c'è più nessun cubo, ma due neonate entità di legno parallelepipeidali.

STUDENTE. Che mi dici del processo della prima morte: è un'evoluzione del primo o del secondo tipo?

INSEGNANTE. È una buona domanda. Tu cosa credi?

STUDENTE. Credo che la risposta dipenda dalla prospettiva che si adotta. Se considero il soma come un'entità indipendente, allora beninteso si tratta di un'evoluzione del secondo tipo, in quanto in seguito alla morte il soma perde tutti i suoi attributi fondanti. Ma se considero il soma unicamente un'appendice, o un'estensione dell'olosoma, allora è possibile considerare la prima morte come un semplice cambiamento di stato dell'olosoma, senza modifica dei suoi attributi fondamentali, quindi un'evoluzione del primo tipo.

INSEGNANTE. Sono d'accordo, in generale non c'è una frontiera definita a priori in grado di separare un'evoluzione del primo e del secondo tipo. Infatti, la cosa dipende da come definiamo l'entità in questione, e in particolar modo le sue proprietà intrinseche. D'altra parte, la nostra definizione e identificazione delle innumerevoli entità che formano la nostra realtà dipende fortemente dalla nostra comprensione e conoscenza della stessa, quindi dal nostro livello evolutivo.

STUDENTE. Capisco. Tornando all'affermazione del Buddha, a cosa si riferiva secondo te: all'evoluzione del primo o secondo tipo?

INSEGNANTE. Ad essere sincero non ne ho la più pallida idea. Dovresti chiederglielo. Possiamo comunque osservare che un'evoluzione del primo tipo è una dinamica di cambiamento più superficiale, che non influisce sulla struttura intima del reale, mentre un'evoluzione del secondo tipo è un processo relativamente più profondo, in grado di promuovere ristrutturazioni più radicali. Devi comunque sempre tenere presente che una tale distinzione è sempre relativa al punto di vista adottato. Ora, per rispondere alla tua domanda, quello che penso, personalmente, è che quando il Buddha fece la sua celebre affermazione, si riferiva a dei processi di cambiamento di natura profonda, quindi più del secondo tipo. Ma quanto profondamente può andare un processo di cambiamento? Se prendi la sua affermazione alla lettera, ci sono comunque dei limiti.

STUDENTE. Che tipo di limiti?

INSEGNANTE. Ha indicato che c'è qualcosa che rimane sempre costante, e non cambia mai.

STUDENTE. Intendi dire il cambiamento in quanto tale?

INSEGNANTE. Proprio così. Se il cambiamento è costante, significa che è un attributo fondamentale del reale; pertanto, nessun processo di cambiamento può andare così in profondità da cambiare il cambiamento stesso.

STUDENTE. È un gioco di parole?

INSEGNANTE. Non proprio. Quello che sto cercando di sottolineare è che quando osserviamo qualcosa cambiare, automaticamente scopriamo che c'è qualcosa che non cambia. Pensa a un fiume che scorre. Puoi dire che scorre perché è contenuto in un letto, che invece non scorre. Il cambiamento, come il movimento, è un concetto relativo. Per definire un processo di cambiamento, come ad esempio quello della nostra evoluzione personale, abbiamo bisogno di individuare un punto di riferimento stabile, che non cambia.

STUDENTE. Intendi dire che ci sarebbe un livello più profondo del reale che non può cambiare, altrimenti il cambiamento stesso non avrebbe più senso?

INSEGNANTE. Sì, qualcosa del genere. E mi sembra ragionevole ipotizzare che un tale livello si basi sull'essere-coscienza stesso. Penso che ci sia una serie di attributi che definiscono il nucleo dell'identità di un essere-coscienza, a un livello molto profondo, e che per definizione questi attributi non possano cambiare, non in modo percepibile se non altro.

STUDENTE. Perché non possono cambiare?

INSEGNANTE. Semplicemente perché il cambiamento, così come noi lo intendiamo, sarebbe la conseguenza dell'esistenza stessa, e della permanenza, di questi attributi.


**STRANGE**


STUDENTE. Ma non è che così introduciamo una sorta di dicotomia innaturale nella nostra descrizione del reale? Voglio dire, se ci sono delle cose che sono sempre costanti, e altre invece che cambiano in continuazione, non stiamo in questo modo adottando una sorta di paradigma dualistico, nel quale la realtà sarebbe formata da due sostanze antitetiche, una puramente statica e l'altra puramente dinamica?

INSEGNANTE. Non necessariamente. Supponi per un momento che il nome della sostanza madre che forma il reale sia *strange*, dove le prime tre lettere stanno per *str*ucture (struttura, in inglese), e le quattro ultime per ch*ange* (cambiamento, in inglese), quindi "strange" nel senso di "structure + change", cioè "struttura più cambiamento". Supponi inoltre che tale sostanza possa assumere diversi stati, e che tutti questi stati, o configurazioni differenti della sostanza-strange possano essere indicizzati per mezzo di un'appropriata variabile multidimensionale, che per semplicità chiameremo *velocità*. Possiamo allora dire, in termini generali, che i diversi strati, elementi e frammenti del reale sono fatti di sostanza-strange caratterizzata da diversi stati interni di velocità. Ciò che solitamente denominiamo "struttura" altro non sarebbe allora che della sostanza-strange di (relativamente) bassa velocità, mentre ciò che denominiamo "cambiamento", o "processo", altro non sarebbe che della sostanza-strange di (relativamente) alta velocità (una struttura di breve durata di vita). Come puoi osservare, se adottiamo questa prospettiva non incontriamo nessun dualismo radicale.

STUDENTE. Mi stai suggerendo che anche il cambiamento potrebbe cambiare?

INSEGNANTE. È possibile, sì. Se agli attributi che definiscono il cambiamento (ciò che è fisso rispetto a ciò che muta) viene permesso di variare, allora anche il cambiamento può variare, e acquisire nuove qualità. In tal senso, ritengo sia più ragionevole ipotizzare che vi siano diverse "qualità di cambiamento" nel reale, essendo che la stabilità della struttura può solo essere definita in termini contestuali. Beninteso, ognuno è libero di ipotizzare l'esistenza di *strutture pure*, perfettamente stabili, per sempre isomorfe a loro stesse. D'altra parte, è anche chiaro che una tale ipotesi non sarà mai testabile, qualunque sia il nostro livello evolutivo.


## PERMANENZA


STUDENTE. Potresti definirmi il termine di "stabilità" in modo un po' più preciso?

INSEGNANTE. Certamente. Un'entità (o morfopensene) è detta *stabile* se tutti i suoi attributi fondanti sono stabili. Un attributo è stabile, o meglio, relativamente stabile, se possiede un *grado di permanenza* relativamente elevato, il che significa che l'attributo è relativamente immune agli effetti dell'ambiente con cui interagisce, e che non ha tendenza a mutare spontaneamente.

STUDENTE. Vuoi dire che, indipendentemente dal contesto ambientale, l'attributo rimane una proprietà attuale dell'entità in questione per lungo tempo?

INSEGNANTE. Questa è l'idea. Con il termine di *grado di permanenza* mi riferisco qui, in particolare, al concetto di *durata*, o di *lunghezza temporale*. Come abbiamo già discusso, tutto ciò che una coscienza è in grado di sperimentare nel corso della sua evoluzione è tipicamente *transitorio*. Prendi l'esempio della vita intrafisica: una coscienza intrafisica avrà tendenza a percepire il proprio soma come se fosse un'entità che esiste in modo stabile. Tuttavia, dopo la prima dissoma, o prima morte, quella stessa coscienza, se non si trova nella difficile condizione di *psicosi post mortem*, realizzerà in senso sperimentale il carattere impermanente del soma e il carattere più permanente dello psicosoma. In altre parole, comprenderà che il proprio soma è solo un'*entità transitoria*, con un *grado relativo di esistenza*, mentre il proprio psicosoma, se paragonato al soma, possiede maggiore permanenza, quindi un più alto *grado relativo di realtà*, o di *esistenza*.

STUDENTE. Se capisco bene, possiamo ordinare le entità che formano la nostra realtà in diverse *classi di permanenza*, a seconda della loro *durata di vita*.

INSEGNANTE. Proprio così. La classe che contiene le entità con il più alto grado relativo di permanenza caratterizza ciò che solitamente un essere-coscienza definisce "la sua realtà più alta". Questo significa anche che, in generale, realtà ed esistenza non possiedono una valenza comune per tutte le coscienze in evoluzione, ma dipendono dal livello evolutivo a partire dal quale ogni coscienza osserva e percepisce il mondo.

STUDENTE. Ma sei sicuro che è davvero sensato affermare che un'entità sarebbe *più reale* di un'altra entità?

INSEGNANTE. Perché no? Sto semplicemente enfatizzando che le diverse entità che popolano la nostra realtà possiedono proprietà di esistenza differenti. E che una di queste proprietà caratterizza la loro tendenza ad esistere per un tempo più o meno lungo, in un determinato contesto.

STUDENTE. E questa tendenza, immagino, può essere definita in termini operazionali.

INSEGNANTE. Sicuramente, è molto facile. Un'entità $A$, che appartiene alla mia realtà personale presente, è per me *più reale* di un'altra entità $B$, anch'essa appartenente alla mia realtà personale presente, se la proprietà di $A$ di esistere rimane più durevolmente attuale della proprietà di $B$ di esistere, nel senso che ci sarà una mia realtà personale futura nella quale *A* sarà sempre un'entità che esiste in modo attuale, mentre ciò non sarà più il caso per *B*.

STUDENTE. Ma sei d'accordo che la durata, o permanenza, sono a loro volta dei concetti relativi? Per quanto ne so, secondo la teoria della relatività di Einstein la durata misurata di un processo non è generalmente la stessa per due osservatori differenti, a causa del ben noto fenomeno relativistico di *dilatazione temporale*.

INSEGNANTE. Hai ragione. Dal momento che il grado di permanenza viene osservato in termini soggettivi, questo varierà a seconda della prospettiva specifica adottata da ogni coscienza. Ma come abbiamo già discusso, qui si tratta semplicemente di trovare le corrette interfacce di comunicazione, alfine di tradurre e confrontare in modo coerente le diverse durate percepite.

STUDENTE. Ma dal momento che il tempo non esiste, come possiamo definirlo in modo non ambiguo?

INSEGNANTE. Abbiamo osservato che il tempo non esiste in quanto entità, e che non fluisce dal passato verso il futuro, *essendo la realtà a fluire*. In altre parole, abbiamo osservato che il cambiamento è un attributo fondamentale della sostanza-strange, cioè della sostanza madre con cui è fatto il reale, e che la coscienza può tenere traccia dei cambiamenti che avvengono mediante la costruzione di una sua personale freccia del tempo, grazie alla quale può ordinare tutte le sue esperienze non simultanee. Da questo ordinamento, un *senso soggettivo della durata* può emergere in modo naturale.

STUDENTE. Non sono certo di capire. Come può un senso della durata emergere da tale ordinamento?

INSEGNANTE. È molto semplice. Considera una coscienza che ha vissuto due esperienze differenti e non simultanee, che possiamo chiamare *E* e *F*. Ora, dal momento che *E* e *F* non sono simultanee (per la coscienza in questione), ma una successiva all'altra, la coscienza avrà la sensazione che *E* e *F* siano separate da un certo *intervallo temporale*, o *durata*.

Pertanto, la domanda che si pone è la seguente: quando la coscienza percepisce tale intervallo, che cosa sta misurando esattamente? La risposta, secondo me, è molto semplice: la coscienza sta *contando*.

STUDENTE. Contando che cosa?

INSEGNANTE. La coscienza conta il numero di esperienze intermedie tra $E$ e $F$.

STUDENTE. Che tipo di esperienze?

INSEGNANTE. Non dimenticare che siamo costantemente attraversati un flusso di innumerevoli fenomeni, conseguenza della nostra interazione con le diverse entità appartenenti alle numerose dimensioni dell'esistenza. Pertanto, in generale, si può ragionevolmente affermare che il numero di entità che interagiscono con una coscienza, in ogni momento, è praticamente infinito. Ma naturalmente, a causa dei limiti strutturali dell'olosoma in evoluzione, solo una sottoclasse di queste interazioni potrà essere identificata da una determinata coscienza, e produrre un'impressione nella sua olomemoria. La mia ipotesi è che la durata che la coscienza percepisce tra le due esperienze $E$ e $F$, è direttamente proporzionale al numero di esperienze intermedie che è in grado di *discriminare* tra $E$ e $F$.

STUDENTE. Non ritieni però che molte delle impressioni che riceviamo, sia internamente che esternamente, restino essenzialmente inconsce?

INSEGNANTE. Sono d'accordo, ma questo non significa che non siano state identificate e discriminate a un certo livello del nostro olosoma. Non sto affermando che dobbiamo necessariamente essere pienamente consapevoli di ogni singola impressione che riceviamo, tra $E$ e $F$. Quello che affermo è che il nostro olosoma è in grado di processare queste impressioni come fossero subroutine, da cui poi emergono delle macro impressioni soggettive, o sensazioni, come ad esempio quella associata alla durata.

## COMPLESSITÀ

STUDENTE. Ok, dunque stai affermando che la percezione che abbiamo di un intervallo di tempo, cioè di una durata, sarebbe da mettere in relazione alla nostra capacità di *risolvere*, a un qualche livello del nostro olosoma, le diverse interazioni che abbiamo con le innumerevoli entità che popolano il reale.

INSEGNANTE. Precisamente. E questa risoluzione dipende anche dalla *velocità* del veicolo che stiamo usando per manifestarci.

STUDENTE. Con "velocità del veicolo" intendi qualcosa come la frequenza interna del processore di un computer?

INSEGNANTE. Ci sono beninteso diversi modi di comprendere il concetto di velocità di un veicolo di manifestazione. Ma in generale possiamo dire che tale velocità è una misura della sua abilità nel processare informazione in modo efficace, e in tal senso si tratta di un attributo che ha a che fare con la sua complessità strutturale.

STUDENTE. E come spieghi che la percezione della durata che abbiamo quando ci troviamo nella dimensione extrafisica sia differente da quella che abbiamo nella dimensione fisica?

INSEGNANTE. Lo psicosoma è più complesso del soma, così come il mentalsoma è più complesso dello psicosoma. Pertanto, quando una coscienza si trova nel suo psicosoma, potrà avere in un breve periodo di tempo, diciamo *2 ore*, così come misurate da un orologio fisico terrestre, un certo numero di esperienze piuttosto complesse. Ma quando il contenuto di queste esperienze verrà scaricato nel cervello, dovrà essere decostruito e linearizzato in una sequenza più lunga e meno complessa di sub-esperienze, per tenere conto della minore complessità del cervello fisico, se paragonato al *paracervello* dello psicosoma. Il risultato di questo processo di linearizzazione è che la coscienza intrafisica avrà la sensazione bizzarra di avere vissuto, diciamo, un'esperienza extrafisica di *2* giorni in sole *2* ore di tempo intrafisico.

STUDENTE. Ma non possiamo anche dire che, dal momento che

127

lo psicosoma si muove molto più rapidamente del soma, questo sia sufficiente a spiegare che può vivere molte più esperienze di quest'ultimo, durante lo stesso periodo intrafisico di tempo?

INSEGNANTE. Sono d'accordo. Stiamo solo dicendo la stessa cosa da due prospettive differenti: la complessità non è un concetto statico, ma dinamico. Se un veicolo è più veloce di un altro, internamente ed esternamente parlando, la sua maggiore velocità è espressione anche di una maggiore complessità.

STUDENTE. Non sono sicuro di comprendere.

INSEGNANTE. La nozione di complessità è a sua volta piuttosto complessa, e difficile da definire. Se consideriamo l'origine latina del termine, *complexus* significa attorcigliato, abbracciato, intrecciato. In altre parole, un'entità complessa è tale perché formata da diverse parti distinguibili, e allo stesso tempo collegate, o collegabili. D'altra parte, un'entità può essere considerata complessa non solo perché formata da numerose parti connesse tra loro, in modo interessante, ma anche perché è in grado di variare rapidamente la sua geometria, dando vita a sempre nuove e più interessanti configurazioni.

## ATTUALIZZAZIONE DEL POTENZIALE

STUDENTE. D'accordo, ma tornando al concetto di "grado relativo di realtà" di un'entità, ti chiedo: possiamo dire, ad esempio, che la materia fisica sia meno reale che il mio psicosoma?

INSEGNANTE. Dipende. Cosa intendi per materia fisica? Sappiamo che lo psicosoma, che è in grado di percorrere un ciclo evolutivo multimillenario, possiede un grado di permanenza piuttosto elevato, sicuramente superiore a quello di numerose entità fisiche che conosciamo.

STUDENTE. Quindi è più reale della materia ordinaria?

INSEGNANTE. Non necessariamente. È indubbiamente più reale

che il corpo fisico umano, ed è anche certamente più reale di un albero centenario, ma cosa mi dici di una montagna vecchia di milioni di anni, o di un pianeta di miliardi di anni di età, come la Terra, o il Sole, o la nostra galassia, la Via Lattea, o l'intero universo fisico visibile? A dire il vero, nemmeno dobbiamo considerare delle entità fisiche di taglia crescente. Considera ad esempio un semplice protone: secondo l'attuale evidenza empirica, il suo tempo di permanenza (espresso come *emivita*) è maggiore di $10^{32}$ anni, vale a dire circa diecimila trilioni di volte superiore all'ipotetica età del nostro universo conosciuto, secondo le moderne teorie cosmologiche. Pertanto, possiamo davvero sostenere che un protone sia meno reale del nostro psicosoma? A quanto pare, è più probabile che sia l'inverso ad essere vero.

STUDENTE. Sono confuso. Pensavo che la dimensione fisica era, in un certo senso, più giovane della dimensione extrafisica, che a sua volta era più giovane rispetto alla dimensione mentale.

INSEGNANTE. Nessuno è in grado di dire se le diverse mega-dimensioni che noi caratterizziamo con gli aggettivi quali "fisica", "extrafisica" (astrale) e "mentale", sono state create in una sorta di successione, o tutte assieme, d'un sol colpo. A dire il vero, nemmeno sappiamo se sono mai emerse in un dato istante. È anche possibile che siano sempre esistite. Chi può realmente dirlo? Ma una cosa possiamo affermarla: apparentemente, esiste una direzione principale per il flusso di creazione, che va dalle dimensioni più "sottili" a quelle più "dense". Secondo la direzione di questo flusso, possiamo ipotizzare che tutto ciò che tipicamente viene creato in una determinata dimensione, ha un suo precursore in una dimensione più "sottile", "superiore".

STUDENTE. Per esempio?

INSEGNANTE. Considera ancora una volta il nostro dialogo, che un giorno, come abbiamo ipotizzato, potrebbe diventare un testo scritto. Non ho dubbi che, una volta terminata la nostra conversazione, e forse anche prima di allora, questa esisterà già, in quanto "entità sottile", nella dimensione mentale.

STUDENTE. Intendi dire che nella dimensione mentale il libro contenente il nostro dialogo sarebbe già un oggetto reale?

INSEGNANTE. Precisamente, anche se forse il termine "oggetto" non è così appropriato, trattandosi per l'appunto di un'entità mentale. Ma si tratta indubbiamente di un elemento disponibile della nostra realtà, con il quale tu ed io, e a dire il vero chiunque altro, può possibilmente avere un'esperienza, di natura mentale.

STUDENTE. È sorprendente, secondo quello che dici ogni volta che ho una conversazione con una persona, darei vita a un'entità specifica nel dominio mentale della nostra realtà.

INSEGNANTE. Se un dialogo, o una conversazione, riceve sufficiente energia dai suoi creatori, la struttura corrispondente, o morfopensene corrispondente, è in grado di stabilizzarsi ed esistere con un buon grado di permanenza. In altre parole, maggiore è l'interesse che gli interlocutori pongono nella conversazione, nel suo contenuto, cercando realmente di capire e partecipare in modo attivo, e maggiore sarà la quantità e qualità dell'energia disponibile per l'assemblaggio dell'entità mentale multidimensionale ad essa corrispondente. Poi, col tempo, e con la giusta intenzionalità, questa stessa entità mentale, questo "libro mentale", potrà "decantare" nella dimensione fisica e sviluppare un'appendice più densa. In quel momento, dal punto di vista di un osservatore intrafisico, un libro fisico, la cui esistenza era solo *potenziale*, avrà acquisito un'esistenza *attuale*.

STUDENTE. Interessante, se ho capito bene, questa sedimentazione, o densificazione, da una dimensione "superiore" a una dimensione "inferiore", altro non sarebbe che un processo di trasformazione di ciò che è potenziale in ciò che è attuale.

INSEGNANTE. Precisamente. Come abbiamo lungamente discusso, esistenza e realtà sono in relazione con il concetto di "possibilità", mentre il concetto di "potenzialità" è in relazione a ciò che non esiste ancora, quindi alle proprietà e/o entità potenziali, che non sono disponibili con certezza a divenire parte dell'esperienza di una coscienza, in un determinato contesto sperimentale, o esperienziale.[20] Pertanto, se comprendiamo la coscienza come un *principio di natura puramente creativa*, possiamo dire che quando vive le sue innumerevoli esperienze, funziona come un *operatore di realtà*, che incessantemente *trasforma delle potenzialità in possibilità*, o se preferisci degli elementi di realtà potenziale in elementi di realtà attuale, nei diversi contesti esistenziali in cui essa si manifesta.

STUDENTE. Stai quindi affermando che il flusso di creazione si muove unicamente dagli strati più sottili del reale a quelli più densi?

INSEGNANTE. Certamente no. Il processo di *attualizzazione del potenziale* può avere luogo in ogni direzione, dal sottile verso il denso, dal denso verso il sottile, o entro un medesimo "strato di densità" del reale. Per esempio, tutto ciò che ha luogo qui, nella dimensione fisico-densa, ad esempio questo nostro dialogo, si ripercuote immediatamente nelle dimensioni mentali ed extrafisiche, a causa delle interconnessioni esistenti, che ovviamente funzionano in entrambe le direzioni.

STUDENTE. Ma allora perché dici che ci sarebbe una sorta di *direzione principale* per il flusso di creazione, che va dal più sottile al più denso?

**STRUTTURARE LA REALTÀ**

INSEGNANTE. Perché secondo la mia attuale comprensione, il passaggio da un livello "superiore", più "sottile", a un livello "inferiore", più "denso", avviene tramite un processo di

---

[20] È bene non confondere *potenzialità* con *possibilità*, anche se spesso questi due concetti vengono usati con significati del tutto equivalenti. In questo dialogo, "possibilità" si riferisce a ciò che è disponibile, nel presente, con certezza, all'esperienza di una coscienza, mentre "potenzialità" si riferisce a ciò che non è disponibile con certezza, all'esperienza di una coscienza, ma che potrebbe esserlo stato nel suo passato, o che potrebbe diventarlo nel suo futuro.

*limitazione del numero di possibilità.*

STUDENTE. Spiegati meglio.

INSEGNANTE. Ti ricordi quando ti ho chiesto se era vero che ogni volta che applichiamo dei vincoli a un sistema, otteniamo una struttura?

STUDENTE. Certamente, e mi avevi risposto che l'applicazione di vincoli, nel senso di una limitazione delle possibilità, era un ingrediente chiave nell'emergenza delle strutture.

INSEGNANTE. Esattamente. Immagina ora che io sia una coscienza con un grande potere personale, che si manifesta nel dominio puramente mentale, e che sia nel procinto di creare un'intera dimensione extrafisica. Come pensi che procederò?

STUDENTE. Davvero non lo so.

INSEGNANTE. Ok, a dire il vero nemmeno io lo so, ma vediamo di speculare su un possibile meccanismo. Consideriamo l'analogia semplice di uno scultore, che tiene tra le sue mani un pezzo di argilla, o di marmo senza forma, dal quale ha intenzione di ottenere una piccola statua. Come pensi che procederà?

STUDENTE. Ebbene, prima di tutto dovrà stabilire quale tipo di statua desidera realizzare, quindi utilizzerà le sue mani, o eventuali altri strumenti, per conferire alla materia in questione la forma desiderata.

INSEGNANTE. Proprio così. Quindi, quello che lo scultore dovrà fare, è selezionare un modello di statua, tra un'infinità di forme possibili. In altre parole, operando una scelta, opererà una riduzione, o limitazione delle possibilità, che poi trasferirà all'argilla, o al marmo, tramite i suoi strumenti, imponendo alcuni vincoli specifici. Allo stesso modo, in termini più generali, possiamo dire che scegliendo di applicare determinati vincoli alle sostanze presenti in un determinato strato del reale, otterremmo una nuova dimensione, maggiormente strutturata, e in tal senso maggiormente "densa".

**LEGGI**

STUDENTE. Potresti essere più esplicito? Di che tipo di vincoli stiamo parlando?

INSEGNANTE. In fisica questi vincoli prendono il nome di *leggi fisiche.*

STUDENTE. Non ho mai pensato alle leggi fisiche come a dei vincoli.

INSEGNANTE. Eppure, è un fatto generalmente noto che le leggi fisiche possono essere formulate come dei *principi variazionali,* che esprimono il fatto che esse risultano da una *procedura di ottimizzazione soggetta a determinati vincoli* [B, 2005].

STUDENTE. E ritieni che le leggi parafisiche che governano le dimensioni extrafisiche siano anch'esse esprimibili come delle procedure di ottimizzazione soggette a determinati vincoli?

INSEGNANTE. È un'ipotesi piuttosto naturale. Credo che sia altrettanto naturale ipotizzare che ciò che distingue le dimensioni extrafisica mentalsomatica, extrafisica psicosomatica, e fisica somatica, sia unicamente il numero di vincoli imposti. E dal momento che i vincoli producono struttura, possiamo anche affermare che ogni strato di realtà è ottenuto dal precedente tramite l'imposizione di un determinato numero di vincoli aggiuntivi.

STUDENTE. Ma perché fare questo?

INSEGNANTE. Probabilmente perché il processo di selezione di determinate possibilità, e de-selezione di altre, è al cuore di ogni processo creativo.

STUDENTE. Intendi dire che una dimensione più densa verrebbe creata a partire da una dimensione più sottile, proibendo l'attuazione di determinate relazioni tra le diverse entità?

INSEGNANTE. Sì, qualcosa del genere.

STUDENTE. Sono confuso. Ho sempre pensato, senza troppo rifletterci lo ammetto, che i processi creativi andassero nella direzione di una crescita del numero delle possibilità, e non di una loro diminuzione.

INSEGNANTE. Quello che affermi è corretto in relazione al processo di potenziamento di una coscienza in evoluzione. Più una coscienza si evolve e più sarà in grado di scoprire, padroneggiare e ampliare il proprio potere creativo personale. Conseguentemente, il numero di atti creativi che sarà in grado di compiere aumenterà, e certamente non diminuirà. Ma se l'aumento del numero delle possibilità è al cuore del processo di potenziamento di una coscienza in evoluzione,[21] una selezione-limitazione delle possibilità è al cuore di ogni singolo atto creativo.

STUDENTE. Capisco, un bravo scultore ha il potere di creare un gran numero di statue differenti, ma quando passerà all'azione dovrà sceglierne una e imporre una forma specifica alla materia di cui sarà fatta la statua.

INSEGNANTE. Esattamente, e quando uno scultore fa questo, trasforma della potenzialità in attualità, in un processo che aumenta la differenziazione delle strutture nella realtà.

STUDENTE. Possiamo allora dire che esistono delle regioni della realtà che sono meno strutturate di altre?

**DISTINZIONE E CONNESSIONE**

INSEGNANTE. Ritengo di sì, anche se dobbiamo essere cauti circa il significato che attribuiamo al termine "struttura". Ad esempio, non dobbiamo confondere struttura con complessità. Una struttura altro non è che la manifestazione di un ordine, o

---

[21] Ciò che può essere sperimentato da una coscienza dipende dal suo potere personale, nel suo presente. Il potere personale presente di una coscienza può essere definito come l'insieme di tutte le creazioni che detta coscienza è in grado di produrre, nel suo personale presente, con le entità ad essa disponibili, che formano la sua realtà personale presente. Vedi ad esempio [A, 1999a], pagina 168.

disordine, imposto da specifici vincoli, precisamente quei vincoli, o leggi, che obbligano gli elementi di tale struttura ad organizzarsi in tale specifico ordine (strutturale). La complessità invece, come abbiamo già discusso, è una proprietà difficile da definire, che caratterizza una struttura, prendendo in considerazione gli aspetti di *distinzione* e *connessione* dei suoi elementi. L'aspetto di distinzione ha a che fare con la varietà e l'eterogeneità che è presente nella struttura, mentre l'aspetto di connessione ha a che fare con l'interdipendenza dei suoi componenti.

STUDENTE. Ma quali sono allora i fattori responsabili del fatto che, entro una stessa dimensione, governata dallo stesso insieme di vincoli, o leggi, è possibile trovare strutture di diverso livello di complessità?

INSEGNANTE. Penso sia dovuto al fatto che coscienze di livelli evolutivi differenti si manifestano entro una stessa dimensione, per mezzo di veicoli di manifestazione differenti. La loro evoluzione, entro una specifica dimensione, può essere descritta, in termini dinamici, come un processo di *massimizzazione della complessità strutturale* di tale dimensione, tramite la massimizzazione della complessità strutturale dei loro veicoli di manifestazione. Questo è qualcosa che gli esseri-coscienza sono in grado di fare in quanto, per usare una terminologia alla moda, si tratta di entità capaci di intrappolare e amplificare informazione, mantenendo un equilibrio dinamico *ai margini del caos* (in inglese: *at the edge of chaos*) [G, 2002].

STUDENTE. Che vorrebbe dire?

INSEGNANTE. Quando c'è un ordine perfetto, come ad esempio in un cristallo, la complessità è minima, in quanto l'informazione è minima, essendo che ogni parte è simile a ogni altra parte. Allo stesso modo, quando c'è un disordine estremo, come ad esempio in un gas di particelle indipendenti, anche in questo caso l'informazione è minima, in quanto ogni parte è differente da ogni altra parte. Il massimo dell'informazione, quindi della complessità, si ottiene da qualche parte tra questi due estremi, di un ordine e disordine perfetti, un regime che alcuni scienziati definiscono "edge of chaos". Si tratta di un regime intermedio, dove i processi divergenti che promuovono la differenziazione, e quelli convergenti che promuovono la similarità, o uniformità, s'incontrano, trovando un equilibrio armonico ottimale.

STUDENTE. Se capisco bene, noi esseri-coscienza in evoluzione ci comporteremmo come degli *ottimizzatori di strutture*, dico bene?

INSEGNANTE. Ritengo che si tratti di un'ipotesi interessante; un'ipotesi che afferma che siamo dei creatori, che procedono secondo un modus operandi in due fasi. Nella prima fase, che probabilmente ha avuto luogo in un passato estremamente remoto, abbiamo creato, o forse dovrei dire co-creato, i diversi materiali multidimensionali, inizialmente grezzi, cui abbiamo imposto un insieme appropriato di macro-vincoli, dando vita a una sostanza madre primordiale (*primopensene*). In seguito, nella seconda fase, ci siamo immersi in queste sostanze grezze, alfine di raffinarle e di ottimizzare la loro complessità strutturale.

STUDENTE. E per quale ragione avremmo fatto tutto questo?

INSEGNANTE. Questa è davvero una domanda difficile. Per incominciare, non sono per nulla sicuro che ciò che ho appena affermato sia corretto, o anche solo parzialmente corretto. Si tratta solo di un'ipotesi, decisamente speculativa. L'idea è che dal momento che facciamo parte di un'unica realtà, ne condividiamo anche l'origine. Più esattamente, ciò che sto ipotizzando è che nel reale vi sia una sorta di "luogo" ideale[22] dove ogni "cosa", in un certo senso, sarebbe perfettamente simmetrica, in ogni senso possibile del termine: nessuna distinzione, direzione, nessun vincolo di ogni sorta. Di conseguenza, a un tale livello primo, primordiale e fondamentale, tutto sarebbe perfettamente senza struttura apparente. Un nulla che conterrebbe però già ogni cosa: un "non-luogo" dove ogni elemento possibile e immaginabile esisterebbe già, ma "nascosto" in questa vastissima simmetria.

---

[22] Un tale luogo sarebbe a dire il vero dappertutto e da nessuna parte, essendo una dimensione intricatamente sovrapposta a tutte le altre.

In altre parole, la sostanza che formerebbe tale luogo sarebbe una sorta di *pura possibilità illimitata*.[23] Dalla nostra attuale prospettiva, naturalmente, tale sostanza ci appare come pura potenzialità, e non come possibilità già in atto. Beninteso, lo ripeto ancora una volta a scanso di equivoci, l'esistenza di una tale dimensione metafisica resta altamente speculativa: sto solo cercando di prendere molto seriamente quello che la nostra precedente analisi operazionale ci ha indicato: che *la realtà è una costruzione circa il possibile*, che ha luogo in diversi strati, tramite diversi *processi di attuazione del potenziale*. Ora, se sei d'accordo, potremmo chiamare questo livello primo, non-strutturato e idealizzato del reale, *realtà non-manifesta*, il dominio naturale di residenza dell'*essere*, dove il termine "essere" denota qui l'aspetto propriamente immortale, probabilmente indiviso, della *coscienza nuda*, cioè dell'essere-coscienza che non ha ancora acquisito uno specifico veicolo olosomatico strutturato.

STUDENTE. Quindi, correggimi se sbaglio, tutto è cominciato a tale livello non-manifesto, quale risultato di un atto di scelta puramente creativo, promosso dalla coscienza nuda, che si sarebbe tradotto in una prima "rottura di simmetria", mediante l'imposizione di un primo vincolo cosmico. E, conseguentemente, le innumerevoli entità e dimensioni che formano la nostra *realtà manifesta*, si sarebbero formate in una serie di successivi processi di rottura di simmetria, mediante l'imposizione di una gerarchia intrecciata di vincoli successivi.

INSEGNANTE. Non avrei saputo dire meglio.

---

[23] Adottando una prospettiva "bottom-up" (dal più denso al più sottile) anziché "top-down" (dal più sottile al più denso), si potrebbe altresì affermare che la sostanza che forma questo luogo sia *pura potenzialità illimitata*.

**AMORE UNIVERSALE**

STUDENTE. Rimango però con la mia domanda: perché?

INSEGNANTE. Per rispondere alla tua domanda, dovremmo poter sapere quale era la prima possibilità, che ipoteticamente è stata scelta.

STUDENTE. Scelta da chi?

INSEGNANTE. Dalla prima coscienza che avrebbe dato il via all'intero processo evolutivo.

STUDENTE. Non mi starai dicendo che all'inizio c'era unicamente una coscienza? Stai forse parlando di Dio?

INSEGNANTE. Se, in principio, e ti prego di considerare il termine "in principio" con tutte le riserve del caso, tutto ciò che esisteva era un nulla formato da possibilità illimitate, una sostanza che dalla nostra prospettiva descriveremmo come totalmente priva di strutturata, totalmente simmetrica, in ogni possibile modo immaginabile e non immaginabile, allora, credo, possiamo ragionevolmente ipotizzare che si tratta del "corpo" primevo di un singolo essere, di una singola coscienza nuda. Se vuoi chiamarla Dio, non ho nulla in contrario.

STUDENTE. Ma perché singola?

INSEGNANTE. Perché se non fosse tale, allora, necessariamente, avremmo a che fare con una struttura preesistente, contraddicendo così l'ipotesi che si tratterebbe di un dominio di pura possibilità. In termini metafisici, possiamo simboleggiare questo "regno" indiviso e indifferenziato con il primo numero naturale, il numero *zero*. Zero è la metafora perfetta per descrivere quest'essere-coscienza primevo, non ancora manifesto, ma gravido di un'infinità di atti di creazione.

STUDENTE. E quale pensi sia stato il suo primo atto di creazione?

INSEGNANTE. Spero che capirai che siamo qui in un ambito di pura speculazione. Nessuno è in grado realmente di rispondere a questa domanda, né stabilire se un tale primo atto ha mai davvero avuto luogo.

STUDENTE. Capisco perfettamente. Nondimeno, se sei d'accordo, speculiamo.

INSEGNANTE. Molto bene. In tal caso, la mia ipotesi è che quello che il primo essere-coscienza aveva "in mente", per così dire, era di passare dallo *zero* all'*infinito*. In altre parole, il suo progetto era quello di dare vita a nuove coscienze.

STUDENTE. Attraverso quale meccanismo? Se tutto ciò che esisteva era una singola coscienza, come avrebbe potuto generarne delle nuove?

INSEGNANTE. Ricordati che questa sostanza primordiale, questa energia vivente di cui la prima coscienza era ed è fatta, non è soggetta, per definizione, a nessun tipo di vincolo, quindi nemmeno al vincolo della conservazione dell'energia. Possiamo quindi ipotizzare che potesse dividersi all'infinito, in una sorta di partenogenesi cosmica. E questo processo di divisione, o meglio di moltiplicazione della sua sostanza madre, può essere compreso come l'imposizione di un certo numero di vincoli, che hanno dato vita a diversi strati del reale, o dimensioni, maggiormente strutturati, contenenti i *proto-olosomi* delle neonate coscienze individuali.

STUDENTE. Quindi, secondo questa visione, tutte le coscienze sarebbero fondamentalmente un'unica coscienza, e la nostra individualità altro non sarebbe che il risultato del nostro olosoma.

INSEGNANTE. Mi hai chiesto di essere speculativo, ed è proprio quello che ho fatto. Secondo la mia congettura, siamo tutti parte di una singola coscienza, da cui emergono, incessantemente, nuovi olosomi in evoluzione.

STUDENTE. Se capisco bene, il nostro olosoma in evoluzione sarebbe ciò che ci conferirebbe la nostra identità individuale, anch'essa di conseguenza in evoluzione. In un certo senso, siamo come le diverse facce di un unico cubo.

INSEGNANTE. Sì, come le innumerevoli facce di un unico ipercubo in evoluzione. Da tale prospettiva, la nostra identità e individualità sarebbe relativa, piuttosto che assoluta.

STUDENTE. E dimmi, secondo questa linea di pensiero, perché pensi che la prima coscienza avrebbe scelto di auto-frammentarsi e dare inizio al mega processo di strutturazione della realtà che chiamiamo evoluzione?

INSEGNANTE. Ovviamente, solo una risposta metaforica può essere data a una domanda di questo tipo. Dimmi: è divertente giocare da soli?

STUDENTE. Non tanto.

INSEGNANTE. Perché?

STUDENTE. Non ci sono molti bei giochi che si possono giocare da soli.

INSEGNANTE. Sono d'accordo, e questa è forse la risposta alla tua domanda, ciò che ha spinto il primo essere-coscienza a desiderare, e scegliere, di passare dallo zero all'infinito. Lo ha fatto per avere dei compagni, con cui dare vita a giochi più interessanti ed entusiasmanti. Come molti sanno, la vita è più facile quando siamo soli, ma anche meno divertente. Quando siamo in di più, ci sono più giochi che possiamo fare, quindi aumenta anche il divertimento. Ma beninteso, aumentano anche le sfide, poiché dobbiamo poi trovare il modo di integrare in modo armonico le diverse prospettive e visioni, entro una struttura decisamente molto più complessa.

STUDENTE. Questo spiegherebbe perché la complessità sarebbe un ingrediente fondamentale in questo processo di integrazione. Accrescendo la complessità, diventa possibile permettere alla moltitudine di coscienze in manifestazione (l'aspetto *distinzione*) di creare tra loro delle relazioni profonde e multivariate (l'aspetto *connessione*).

INSEGNANTE. Ben detto. In termini più poetici, mi piace pensare a questi due aspetti, della diversità e della connessione, a questa complessità strutturale emergente, come a una manifestazione di ciò che potremmo definire *legge dell'amore universale*, che risulterebbe semplicemente dal fatto che traiamo tutti origine dalla medesima fonte di vita.[24] E l'amore universale, credo, è anche la nota perfetta per mettere la parola fine, per quanto temporaneamente, a questa nostra bella conversazione.

STUDENTE. Sono d'accordo. Grazie ancora per aver condiviso con me i tuoi pensieri.

INSEGNANTE. Figurati, il piacere è tutto mio.

---

[24] Vedi le osservazioni conclusive in [S, 2005].

BIBLIOGRAFIA


[A, 1982] AERTS D.; *Description of many physical entities without the paradoxes encountered in quantum mechanics*, Found. Phys., 12 (1982), 1131-1170.

[A, 1990] AERTS, D.; *An attempt to imagine parts of the reality of the micro-world*, in Problems in Quantum Physics II; Gdansk '89, eds. Mizerski, J., et al., World Scientific Publishing Company, Singapore, pp. 3-25; 1990.

L'articolo è stato pubblicato anche in italiano nel Numero 2 (2011) della presente rivista, con il titolo: *Un tentativo di immaginare parti della realtà del micromondo.*

[A, 1992] AERTS, D.; *The construction of reality and its influence on the understanding of quantum structures*, Int. J. Theor. Phys., 31, 1815 – 1837; 1992.

[A, 1999a] AERTS, D.; *The Stuff the World is Made of: Physics and Reality*, in: The White Book of "Einstein Meets Magritte", Edited by Diederik Aerts, Jan Broekaert and Ernest Mathijs, Kluwer Academic Publishers, Dordrecht, 129-183; 1999.

[A, 1999b] AERTS, D.; *Quantum Mechanics: Structures, Axioms and Paradoxes*, in: Quantum Structures and the Nature of Reality, The Indigo Book of "Einstein Meets Magritte", Edited by Diederik Aerts and Jaroslaw Pykacz, Kluwer Academic Publishers, Dordrecht, 141-205; 1999.

[A, 2000] AERTS, D.; *Being and Change: Foundations of a Realistic Operational Formalism*, in: Probing the Structure of Quantum Mechanics, Nonlinearity, Nonlocality, Computation and Axiomatics, Edited by Diederik Aerts, Marek Czachor and Thomas Durt, World Scientific Publishing Company, Singapore, 71-110; 2000.

[AAS, 2005] AERTS, S., AERTS, D., and SCHROECK, F. E.; *Necessity of combining mutually incompatible perspectives in the construction of a global view: quantum probability and signal analysis,* in Worldviews, Science and Us, Redemarcating

Knowledge and Its Social and Ethical Implications, World Scientific Publishing Company, Singapore, pp. 203-223; 2005.

[AD, 1994] AERTS, D. and DURT, T; *Quantum, classical and intermediate, an illustrative example*. Foundations of Physics, 24, pp. 1353-1369; 1994.

[AVV, 1999] AERTS, D., VAN BELLE, H. and VAN DER VEKEN, J. (Eds.); *Worldviews and the Problem of Synthesis*. Dordrecht: Kluwer Academic; 1999.

[Al, 2004] ALEGRETTI, W.; Retrocognitions – *An investigation into the memory of past lives and the period between lives*; Miami, USA: International Academy of Consciousness; 2004, p. 31.

[AGR, 1982] ASPECT, A., GRANGIER, P. AND ROGER, G., *Phys. Rev. Lett.* 43, 91; 1982.

[B, 2005] BASDEVANT, J.-L.; *Principes variationnels et dynamique*, Vuibert, 198 p; 2005.

[D, 1998] DEUTSCH, D.; *The Fabric of Reality*, Penguin Books, London; 1998, p 258.

[EPR, 1935] EINSTEIN, A., PODOLSKY, B. and ROSEN, N.; *Can Quantum-Mechanical Description of Physical Reality Be Considered Complete?* Phys. Rev. 47, p.777; 1935.

[G, 2002] GABORA, L.; *Amplifying phenomenal information: Toward a fundamental theory of consciousness*. Journal of Consciousness Studies 9 (8): 3-29; 2002.

[H, 1994] HARMAN, W.; *The scientific exploration of consciousness: towards an adequate epistemology*, Journal of Counsciousness Studies, Vol. 1, No. 1, Summer 1994, pp. 140-148.

[J, 1968] JAUCH, J. M.; *Foundations of Quantum Mechanics*, Addison-Wesley, Reading, Massachusetts; 1968.

[JP, 1969] Jauch, J. M.; and Piron, C., *On the Structure of Quantal Proposition Systems*, Helvetica Physica Acta 42, 842–848; 1969.

[M, 1969] MASLOW, A. H.; *The Psychology of Science: A reconnaissance* (1966). Chicago: Henry Regnery Company; 1969.

[P, 1964] Piron, C.; *Axiomatique quantique (PhD-Thesis)*, Helvetica Physica Acta 37, 439–468; 1964. English Translation by M. Cole: *Quantum Axiomatics* RB4 Technical memo 107/106/104, GPO Engineering Department (London).

[P, 1976] PIRON, C., *Foundations of Quantum Physics*, W.A. Benjamin Inc., Massachusetts; 1976.

[P, 1990] PIRON, C.; *Mécanique quantique, bases et applications*, Presses polytechniques et universitaires romandes; 202 pages; 1990.

[S, 2005] SASSOLI DE BIANCHI, M.; *Theorice and the global structure of the evolving reality*; Journal of Conscientiology, Volume 8, No. 29; July 2005.

[S, 2013a] Sassoli de Bianchi, M.; *Effetto Osservatore - Il mistero quantistico demistificato*; Adea Edizioni; 2013.

[S, 2013b] Sassoli de Bianchi, M.; *Il principio di Heisenberg e la fisica degli spaghetti*; Edizioni Lulu.com; 2013.

[S, 2014] Sassoli de Bianchi, M.; *God may not play dice, but human observers surely do*; To appear in: Foundations of Science; 2014.

[W, 1967] WIGNER, E. P.; *Remarks on the mind-body question*, in Symmetries and Reflections, Bloomington, IN: Indiana University Press; 1967, p. 153.

**Animismo** (latino: *animus*, animo) - Insieme dei fenomeni intra ed extracorporei prodotti dalla coscienza intrafisica, senza interferenze esterne, come, per esempio, il fenomeno della proiezione cosciente indotto dalla propria volontà.

**Attributo** (sinonimo: proprietà intrinseca) - La proprietà di un'entità che è permanentemente attuale.

**Ciclo mentalsomatico** - Il ciclo o corso evolutivo della coscienza che inizia la sua condizione di coscienza libera, in cui disattiva definitivamente il suo psicosoma (terza dissoma) e vive unicamente con il mentalsoma.

**Ciclo multiesistenziale** - Sistema o condizione di alternanza tra un periodo di rinascita intrafisica (seriesis) e un periodo di post-disattivazione somatica, extrafisico, detto anche di intermissione.

**Cos** - Unità ipotetica di misura del livello di lucidità di una coscienza intrafisica o extrafisica.

**Coscienza extrafisica** - Detta anche "cosciex" (cosci + ex), trattasi del cittadino o della cittadina della società extrafisica. Sinonimo in disuso: coscienza disincarnata.

**Coscienza intrafisica** - Detta anche "coscin" (cosci + in), trattasi del cittadino o della cittadina della società intrafisica. Sinonimo in disuso: coscienza incarnata.

**Coscienza libera** - Coscienza extrafisica che si è liberata definitivamente (disattivazione) del proprio psicosoma, o paracorpo emozionale, e della serie di esistenze (seriesis).

**Coscienziologia** - Scienza che studia la coscienza in modo integrale, olosomatico, multidimensionale, multimateriale, multimillenario, multiesistenziale e, soprattutto, in relazione alle sue reazioni alle energie immanenti, alle energie

---

[25] Vedi anche il glossario dei termini coscienziologici, nel primo numero di AutoRicerca (2011).

coscienziali, e ai suoi multipli stati.

**Dissoma** (dis + soma) - Disattivazione somatica, prossima e inevitabile per tutte le coscienze intrafisiche. Proiezione finale; prima morte; morte biologica; monotanatosi. La prima dissoma, o semplicemente dissoma, consiste nella disattivazione del corpo umano, o soma. La seconda dissoma corrisponde alla disattivazione dell'olochakra. La terza dissoma corrisponde alla disattivazione del psicosoma.

**Entità** (sinonimo: sistema, morfopensene) - Una porzione del reale caratterizzata da un insieme di proprietà aventi un certo grado di permanenza, in grado di formare un aggregato.

**Entità separate** - Entità per le quali tutti gli esperimenti ad esse associati sono esperimenti separati.

**Esistenza** - Un'entità è detta esistere per una coscienza, nel suo presente personale, se è disponibile alla sua esperienza nel suo presente personale, nel senso che, se la coscienza avesse deciso di agire in tal senso nel suo passato, con certezza avrebbe avuto un'esperienza con detta entità nel suo presente.

**Esperienza** - L'interazione di una coscienza con un'entità, che consiste di due aspetti differenti: uno, attivo, di creazione (agito e controllato dalla coscienza), e uno, passivo, di scoperta (non controllato dalla coscienza, ma che si offre alla sua azione e al suo controllo).

**Esperimenti separati** - Esperimenti che possono essere realizzati senza che questi s'influenzino vicendevolmente.

**Evoluzione del primo tipo** - Un processo di cambiamento che non modifica le proprietà intrinseche (attributi) di un'entità.

**Evoluzione del secondo tipo** - Un processo di cambiamento che modifica le proprietà intrinseche (attributi) di un'entità.

**Extrafisico** - Relativo a ciò che sta fuori, al di là dello stato *intra*fisico, o umano; stato coscienziale meno fisico del soma.

**Filo d'argento** - La connessione energetica tra il soma e lo psicosoma, presente in una proiezione della coscienza, come risultato delle energie dell'olochakra (energosoma).

**Filo d'oro** - Elemento energetico ipotetico, simile a un comando a distanza, che mantiene il mentalsoma collegato al paracervello dello psicosoma.

**Funzione d'onda** - un oggetto matematico che descrive lo stato di un'entità fisica quantistica, secondo il formalismo convenzionale della meccanica quantistica.

**Identità** - L'insieme degli attributi di un'entità, cioè delle sue proprietà permanentemente attuali.

**Intrafisicalità** - Condizione della vita intrafisica della coscienza.

**Mentalsoma** (mental + soma) - Corpo mentale; il paracorpo del discernimento della coscienza. Plurale: mentalsomi.

**Morfopensene** (morfo + pen + sen + e) - Pensiero o insieme di pensieri quando sono riuniti e si esprimono, in qualche modo, come una forma, o struttura. Espressione arcaica in disuso: forma-pensiero. L'accumulazione di specifici morfopenseni compone un olopensene.

**Olochakra** (olo + chakra) - Il paracorpo energetico della coscienza intrafisica, detto anche energosoma.

**Olosoma** (olo + soma) - L'insieme dei veicoli di manifestazione della coscienza intrafisica (soma, olochakra, psicosoma e mentalsoma) ed extrafisica (psicosoma, filo d'oro e mentalsoma).

**Oloteoria** - L'olosoma, inteso come supporto della conoscenza strutturata e organizzata di una coscienza.

**Paracervello** - Cervello extrafisico relativo allo psicosoma della coscienza.

**Paradigma coscienziale** - Teoria guida della coscienziologia, che si fonda sul riconoscimento che la coscienza è in grado di manifestarsi al di là dei limiti del corpo fisico umano (soma), e indipendentemente da esso.

**Paragenetica** - L'eredità della coscienza relativa alle sue vite precedenti, così come impressa nello psicosoma, e conseguentemente nel soma.

**Pensene** (pen + sen + e) - Unità di manifestazione pratica della coscienza che considera il pensiero o l'idea (concezione), il sentimento o l'emozione, e la materia-energia coscienziale congiuntamente, cioè in modo indissociabile.

**Primopensene** (primo + pen + sen + e) - Sinonimo di *causa prima dell'Universo*; il primo pensiero che fu formulato. Questo vocabolo non ha plurale.

**Probabilità classiche** - Probabilità che esprimono la nostra mancanza di conoscenza circa quegli elementi che sono già presenti nel sistema considerato.

**Probabilità quantistiche** - Probabilità che esprimono la nostra mancanza di conoscenza relativa a proprietà che non esistono prima dell'esperimento, ma che vengono create nel corso dello stesso.

**Proieziologia** (latino: *projectio*, proiezione; grego: *logos*, trattato) - Scienza che studia le proiezioni della coscienza e i suoi effetti, incluse le esteriorizzazioni di energia coscienziale.

**Proiezione lucida** - Proiezione della coscienza fuori del soma; esperienza extracorporea (OBE).

**Proprietà** - Quello che un'entità *ha*, indipendentemente dal contesto con cui è confrontata. Uno stato di predizione relativo a uno specifico esperimento.

**Proprietà atomiche** (sinonimo: proprietà stato) - Le proprietà più forti che caratterizzano un'entità, nel senso che l'attualità di una proprietà atomica non può essere dedotta dall'attualità di altre proprietà dell'entità in questione. Ogni proprietà atomica è in una corrispondenza uno-a-uno con uno stato specifico dell'entità, cosicché un'entità *è* in un determinato stato se e solo se *ha* una determinata proprietà atomica.

**Psicosoma** (dal greco: *psyckhé*, anima; *soma*, corpo) - Paracorpo emozionale della coscienza; il *corpo oggettivo* dal punto di vista della coscienza intrafisica. Espressione in disuso: *corpo astrale*.

**Realtà personale presente** - L'insieme delle entità che esistono per una determinata coscienza, nel suo momento presente.

**Seriesis** (seri + esis) - 1. Serie, sequenza, di esistenze evolutive della coscienza; esistenze successive; rinascita intrafisica in serie. 2. Vita umana o intrafisica. La prima definizione ha come sinonimo il termine più arcaico di *reincarnazione*.

**Spazio fisico** - Una dimensione formata da entità che condividono, tra le altre cose, la proprietà dell'interezza macroscopica.

**Strutture quantum-like** - Strutture intermedie, similquantistiche, a metà strada tra le strutture puramente classiche e le strutture puramente quantistiche.

**Soma** - Corpo umano; il corpo dell'individuo del regno *Animale*, tipo *Cordati*, classe dei *Mammiferi*, ordine dei *Primati*, famiglia degli *Ominidi*, genere *Homo*, specie *Homo sapiens*, il più elevato livello animale su questo pianeta; nonostante ciò, è il veicolo più grossolano dell'olosoma della coscienza umana.

**Stato** - L'insieme delle proprietà attuali di un'entità. Il "modo di essere" di un'entità.

**Test** (sinonimo: test sperimentale, domanda operazionale) - Un esperimento da realizzare su un'entità, che fa uso di uno strumento di misurazione (o osservazione), dotato di un manuale riportante le operazioni da effettuare, e una regola per interpretare il risultato delle operazioni, nei termini di un'alternativa ("sì", l'esito è positivo, oppure "no", l'esito è negativo).

**Veicolo della coscienza** - Strumento o corpo attraverso il quale la coscienza si manifesta nell'intrafiscalità e nelle dimensioni extrafisiche.

autoricerca.com

# A PROPOSITO DI AUTORICERCA

*AutoRicerca* è una pubblicazione la cui missione è diffondere scritti di valore sul vasto tema della *ricerca interiore*.

*AutoRicerca* si pone al di fuori delle abituali categorie editoriali: non è la solita rivista di facile divulgazione, dai contenuti "fast-food," ma nemmeno un "journal accademico," rivolto ai soli specialisti.

*AutoRicerca* offre ai suoi lettori articoli di notevole livello, selezionati, controllati e tradotti personalmente dall'editore. Si tratta di testi che pur esigendo un notevole impegno per essere assimilati (vanno studiati, non letti!), restano pur sempre accessibili al lettore generico, purché animato di buona volontà e desideroso di imparare qualcosa di nuovo.

*AutoRicerca* è una pubblicazione d'avanguardia non solo per i contenuti, ma anche per le modalità con cui la rivista viene stampata e diffusa, avvalendosi dei moderni sistemi di pubblicazione "on-line," che consentono di offrire, a costi ragionevoli, un prodotto sia in versione elettronica, sia in versione classica cartacea. Questo modo di procedere presenta numerosi vantaggi. Riducendo al minimo l'investimento dell'editore, svincola i fruitori della rivista dall'obbligo di un abbonamento, rimanendo liberi di acquistare anche solo quei numeri il cui contenuto è di loro interesse. Consente inoltre di avere accesso anche solo alla versione elettronica della stessa, che essendo facilmente memorizzabile e catalogabile sul computer, risolve il problema della notoria mancanza di spazio nelle biblioteche dei lettori-autoricercatori.

Non meno importante è il fatto che la versione elettronica consente di risparmiare qualche albero di questo bellissimo

151

pianeta. E comunque, per coloro che non desiderano rinunciare all'esperienza tattile di una rivista cartacea, c'è sempre, in ogni momento, la possibilità di ordinare, farsi stampare e spedire direttamente a casa, con la facilità di un click, anche un singolo volume della rivista.

Non è quindi necessario un abbonamento per ricevere *AutoRicerca*. Se desiderate essere informati sulle nuove uscite, non avete che da visitare, di tanto in tanto, il sito *www.autoricerca.com*, o *www.autoricerca.ch*, e controllare se un nuovo numero è stato pubblicato (attualmente il ritmo di pubblicazione è di due volumi all'anno).

Oppure, più comodamente, potete iscrivervi alla mailing-list, così da essere sempre avvertiti tempestivamente di ogni nuova uscita. Per quest'ultima opzione è sufficiente inviare una e-mail all'indirizzo *info@autoricerca.ch*, indicando nell'oggetto "mailing-list-rivista," e specificando nel corpo del messaggio nome, cognome e paese di residenza.

autoricerca.com

# NUMERI PRECEDENTI

## NUMERO 1, ANNO 2011 – LO STATO VIBRAZIONALE

**AVVERTIMENTO** 7

**EDITORIALE** 9

**A PROPOSITO DEGLI AUTORI** 17

**ARTICOLI**

Un approccio alla ricerca sullo stato vibrazionale
attraverso lo studio dell'attività cerebrale 19
*Wagner Alegretti*

Attributi misurabili della tecnica dello stato
vibrazionale 59
*Nanci Trivellato*

Dal pranayama dello Yoga all'OLVE della
Coscienziologia: proposta per una tecnica
integrativa 101
*Massimiliano Sassoli de Bianchi*

**GLOSSARIO DELLA COSCIENZIOLOGIA** 139

## NUMERO 2, ANNO 2011 – FISICA E REALTÀ

AVVERTIMENTO 7

EDITORIALE 9

A PROPOSITO DEGLI AUTORI 35

ARTICOLI

Proprietà effimere e l'illusione
delle particelle microscopiche 39
*Massimiliano Sassoli de Bianchi*

Un tentativo di immaginare parti
della realtà del micromondo 77
*Diederik Aerts*

A PROPOSITO DI AUTORICERCA 111

NUMERI PRECEDENTI 113

## NUMERO 3, ANNO 2012 – L'ARTE DI OSSERVARE

AVVERTIMENTO                                7

EDITORIALE                                  9

A PROPOSITO DELL'AUTORE                     13

ARTICOLO

L'arte dell'osservazione
nella ricerca interiore                     15
*Massimiliano Sassoli de Bianchi*

A PROPOSITO DI AUTORICERCA                  133

NUMERI PRECEDENTI                           135

## Numero 4, Anno 2012 – Scienza e Spiritualità

**Avvertimento** 7

**Editoriale** 9

**A proposito degli autori** 15

**Articoli**

Yoga, fisica e coscienza 17
*Ravi Ravindra*

Cercare, ricercare, autoricercare… 37
*Massimiliano Sassoli de Bianchi*

Speculazioni su origine e struttura del reale 71
*Massimiliano Sassoli de Bianchi*

**A proposito di AutoRicerca** 105

**Numeri precedenti** 107

## NUMERO 5, ANNO 2013 – OBE

AVVERTIMENTO 7

EDITORIALE 9

A PROPOSITO DEGLI AUTORI 15

ARTICOLI

Scoprire la tua missione di vita 19
*Kevin de La Tour*

Esperienze fuori del corpo: una prospettiva di ricerca 25
*Nanci Trivellato*

Filtri parapercettivi, esperienze fuori del corpo
e parafenomeni associati 39
*Nelson Abreu*

Elementi teorico-pratici di esplorazione
extracorporea 61
*Massimiliano Sassoli de Bianchi*

A PROPOSITO DI AUTORICERCA 215

NUMERI PRECEDENTI 217

## NUMERO 6, ANNO 2013 – ENERGIA

**AVVERTIMENTO**                                                    7

**EDITORIALE**                                                      9

**A PROPOSITO DEGLI AUTORI**                                       15

**ARTICOLI**

Una sottile rete di luce                                           17
*Andrea Di Terlizzi*

Bioenergia                                                         25
*Sandie Gustus*

Energie sottili o materie sottili?
Una chiarificazione concettuale                                    51
*Massimiliano Sassoli de Bianchi*

Trasferimento interdimensionale di energia:
un modello semplice di massa                                       89
*Massimiliano Sassoli de Bianchi*

**A PROPOSITO DI AUTORICERCA**                                    113

**NUMERI PRECEDENTI**                                             115

www.ingramcontent.com/pod-product-compliance
Lightning Source LLC
Chambersburg PA
CBHW032023170526
45157CB00002B/825